Roman Kmenta

Nicht um jeden Preis

Roman Kmenta

NICHT UM JEDEN PREIS

Mehr Gewinn, mehr Wert, mehr Freude im Business

 GOLDEGG VERLAG

Der Goldegg Verlag achtet bei seinen Büchern und Magazinen auf nachhaltiges
Produzieren. Goldegg Bücher sind umweltfreundlich produziert und orientieren
sich in Materialien, Herstellungsorten, Arbeitsbedingungen und Produktions-
formen an den Bedürfnissen von Gesellschaft und Umwelt.

ISBN Print: 978-3-903090-88-0
ISBN E-Book: 978-3-903090-89-7

© 2017 Goldegg Verlag GmbH
Friedrichstraße 191 • D-10117 Berlin
Telefon: +49 800 505 43 76-0

Goldegg Verlag GmbH, Österreich
Mommsengasse 4/2 • A-1040 Wien
Telefon: +43 1 505 43 76-0

E-Mail: office@goldegg-verlag.com
www.goldegg-verlag.com

Layout, Satz und Herstellung: Goldegg Verlag GmbH, Wien
Druck und Bindung: CPI books GmbH, Leck

»Es geht nie um den Preis, sondern immer nur um den Wert.«

Danke an alle, die mich ein Stück des Weges begleitet und so mit dazu beigetragen haben, dass dieses Buch entstand. Danke an meine Eltern, die es mir ermöglicht haben, meine Potenziale zu nutzen und an meine Frau, die es Tag für Tag geduldig erträgt, dass ich sie nutze und mich so sehr in meine Berufung vertiefe.

Inhaltsverzeichnis

Vorwort

Liebe Leserin, lieber Leser,

Sie halten ein Buch in der Hand, das sich – vorausgesetzt Sie lesen es – als extrem wertvoll für Ihr Geschäft erweisen wird. Vielleicht ist es das wertvollste, das Sie je gelesen haben ..., kommt darauf an, was Sie schon gelesen haben. Und ich meine das nicht im übertragenen, metaphorischen Sinn, sondern im sehr direkten unmittelbaren. Es ist ein Buch, das sich für Sie im barsten Sinne des Wortes »bezahlt macht«. Warum kann ich das so vollmundig behaupten? Weil es, wie der Titel sagt, um den Preis geht. Und der Preis ist einer der stärksten, grundlegenden Hebel, die uns in Verkauf und Marketing zur Verfügung stehen. Vielleicht sogar *der* stärkste.

Dieses Buch ist kein Verkaufsbuch. Wenngleich, es geht in diesem Buch darum, viel zu verkaufen, aber eben *nicht um jeden Preis*. Es geht darum, nicht nur Umsätze, sondern vor allem Deckungsbeiträge, Margen und Gewinne zu erzielen und hohe Preise bzw., wenn Sie Selbstständiger sind, hohe Honorare durchzusetzen. Allen selbstständigen Dienstleistern geht es darum, ihre Honorare zu steigern und der Stunden- oder Tagsatzvergleichbarkeit zu entrinnen. Sie alle werden dazu jede Menge Ideen, Gedankenanstöße, Beispiele und Strategien in diesem Buch finden.

Ich bin felsenfest davon überzeugt, dass Ihr Geschäft enorm davon profitieren wird, wenn Sie auch nur einen einzigen Impuls, eine einzige, vielleicht nur klitzekleine, unscheinbare Idee umsetzen. Geschweige denn eine große.

Wie viel Sie in Geld gemessen profitieren werden, weiß ich nicht. Ob es ein paar Hundert, ein paar Tausend, ein paar Hunderttausend Euro oder noch mehr sein werden, hängt sehr stark von der Größe Ihres Geschäftes und von Ihrer Position ab. Wenn Sie als Geschäftsführer eine Kleinigkeit verändern, kann das bewirken, dass der Unternehmensgewinn um 20% steigt. Als Verkäufer kann es dazu führen, dass Ihr Einkommen sich sehr positiv entwickelt. Als Selbstständiger ist es leicht möglich, mit den richtigen Impulsen Ihr Honorar um 30%, 40% oder 50% nach oben zu entwickeln.

Warum schreibe ich das? Natürlich, um Sie neugierig zu machen und so sicherzustellen, dass Sie das Buch wirklich lesen. Zu viele Bücher werden gekauft und nicht gelesen. Schade. Aber – und das verspreche ich Ihnen – ich werde diese soeben in den Raum gestellten Behauptungen belegen und bisweilen sogar rechnerisch beweisen. Lassen Sie sich überraschen.

Ich bin vor Jahren auf die enorme Bedeutung des Preises als Wirtschafts- und Erfolgsfaktor aufmerksam geworden, als ich im Zuge der Vorbereitung auf einen Workshop für ein großes Unternehmen eines der Beispiele durchgerechnet habe, die Sie in diesem Buch finden. Das Beispiel war nicht neu für mich. Doch plötzlich habe ich erstmals seine wahre Bedeutung erkannt. Ich war wie vom Blitz getroffen. Wie eine so einfache, kleine Rechnung eine so gewaltige Wahrheit enthüllen kann! Warum hatte ich das nicht schon früher erkannt? Vielleicht ergeht es Ihnen ebenso, wenn Sie dieses Buch lesen.

Seither hat mich das Thema »Preis« in all seiner Vielfalt gepackt und ich erkunde es in seinen vielschichtigen Facetten. Einige davon, aber längst nicht alle, finden Sie in diesem Buch.

Ich wünsche Ihnen viel Spaß beim Lesen und vor allem sehr viel Erfolg beim Umsetzen Ihrer Ideen dazu.

Ihr

PS: Besonders freue ich mich, wenn Sie mir von Ihren Erfahrungen und Beispielen, von Ihren Erfolgen, aber auch Misserfolgen mit Preisen, Rabatten, Aktionen, Wertsteigerungen, Deckungsbeiträgen und Gewinnen – oder einfach gesagt in Ihrem Geschäft – berichten. Ich brauche schließlich Material für mein nächstes Buch und meine regelmäßigen Blogbeiträge unter *www.romankmenta.com/blog*.

PPS: ich habe mir beim Schreiben die Freiheit genommen mal männliche und mal weibliche Formen zu verwenden. Ehrlicherweise ohne Struktur, ganz auf meine männliche Intuition vertrauend und hoffe damit allen Ansprüchen – vor allem dem der guten Lesbarkeit – gerecht geworden zu sein.

Die Website zum Buch

Sie werden in diesem Buch viele Beispiele, Verweise und Empfehlungen für weiterführende Literatur, Blogbeiträge und gratis Downloads von E-Books und Tools finden. Um den Lesefluss nicht zu stören und es Ihnen zu ersparen, lange URLs mühsam händisch eingeben zu müssen, habe ich all das auf einer Website zusammengefasst: *www.romankmenta.com/preisbuch/*

Sie können diese auch über diesen QR Code aufrufen:

Wann immer Sie zu einem Thema im Buch etwas auf dieser Seite finden, habe ich das im Text als [★] vermerkt. Auf dieser Seite gibt es auch Angebote speziell für Sie, liebe Leserinnen und Leser. Es zahlt sich also in jedem Fall aus, gleich jetzt, bevor Sie mit dem Lesen beginnen, die Seite zu besuchen  und sie in Ihrem Browser abzuspeichern, damit Sie diese während des Lesens immer im Zugriff haben, wenn darauf verwiesen wird.

Kapitel 1: Die Inseln des Wertvollen im Meer des Billigen

Das Rot des Billigen

Zu Beginn entführe ich Sie in Ihre Lieblingsstadt. Und dort in eine der umsatzstärksten Shoppingmeilen. Sie finden alle Einzelhändler, die man typischerweise auf Einkaufsstraßen erwartet. H&M ist da, Zara, der Levis Jeansstore, Boss, die Schuhkette Humanic, Esprit, Mango und hunderte weitere Geschäftchen und Geschäfte quer durch alle Branchen. Der übliche Mix. Viele nationale Filialisten und internationale Ketten. Wenige Überraschungen. Wenn Sie eine Einkaufsstraße kennen, kennen Sie mehr oder weniger alle.

Je nach Jahreszeit leuchten die Schaufenster in unterschiedlichen Farben. Wenn Ausverkauf ist mehrheitlich in Rot, oft in Kombination mit Gelb. Denn Rot ist die Farbe des Billigen, preispsychologisch betrachtet. Früher fanden Sie das Rot zweimal pro Jahr, zum Sommerschlussverkauf und zum Winterschlussverkauf. Heute gewinnen Sie leicht den Eindruck, dass das billige Rot fast das ganze Jahr über dominiert ... und das nicht nur in Ihrer Lieblingsstadt.

Unser Gehirn orientiert sich am Besonderen

Doch es gibt sie, die Ausnahmen. Einige wenige, immerhin. Geschäfte, die nicht permanent im billigen Rot erstrahlen. Unternehmer, die sich etwas überlegt haben, anstatt einfach dasselbe zu machen, was alle machen. Etwas Besonderes, etwas anderes, etwas Anders[statt]artiges. Und dadurch für alle, die vorbeigehen, eine starke Anziehungskraft entwickelt. Denn so reagiert unser Gehirn. Es ist ständig auf der Suche nach dem Besonderen, den Ausnahmen. Orientierungsreaktion nennen die Psychologen dieses Phänomen.

Bei der Vielzahl von Umgebungsreizen, denen wir tagtäglich ausgesetzt sind, muss das menschliche Gehirn auf Effizienz in der Verarbeitung dieser achten. Es kann sich nicht jedem Reiz ausführlich widmen. Und so werden alle Reize, die dem Gehirn im Ersteindruck bekannt vorkommen, gleich in die Schachtel mit der Aufschrift »Bekannt« getan. Diesen braucht es sich nicht weiter zu widmen, es sei denn sie weisen auf eine Gefahr hin. Denn das menschliche Gehirn ist vor allem auf eines ausgerichtet: auf Lebenserhaltung. Nur gibt es meiner Erfahrung nach wenig Lebensbedrohliches auf einer Einkaufsstraße. Daher fallen alle, vor allem die optischen Reize, die von den bekannten Geschäften ausgehen, tendenziell durch unseren Aufmerksamkeitsfilter. Die Orientierungsreaktion setzt nicht ein. Das Gehirn muss sich nicht orientieren, nicht mit dem Reiz beschäftigen. Es kennt sich aus und kann seine Rechenkapazität für Wichtigeres nutzen.

Die Inseln des Wertvollen

Aber an einigen wenigen dieser Geschäfte bleibt unser Gehirn hängen. Nicht, weil sie gefährlich wären (außer vielleicht für unsere Brieftasche), sondern weil sie *anders* sind. Eines davon ist das Geschäftslokal der Gebrüder *Stitch* [★ = *www.romankmenta.com/preisbuch*].

Gebrüder *Stitch* verkaufen Jeans. »Wie ein paar Dutzend weiterer Läden auf der dieser Straße auch«, werden Sie vielleicht denken …, und das zu recht. Gebrüder *Stitch* ist kein Luxuslabel, kein High-End-Einkaufstempel. Man gibt sich hier im Gegenteil sehr leger und kumpelhaft. Und doch bezahlen bei den Gebrüdern *Stitch* die Kunden 260 Euro für die Hose, aber sie können gut und gerne auch 700 Euro für ihre Jeans ausgeben. Rabatte oder Preisaktionen sind Fremdworte. Interessanterweise kommen potenzielle Kunden im Geschäft kaum auf die Idee, nach einem besseren Preis, einem Rabatt zu fragen. Angesichts der zur Schau gestellten Liebe zum Detail, so liegen z.B. im Wartebereich originale Bravo-Zeitschriften aus den 1970er Jahren für die Kunden zum Zeitvertreib aus, der Bedeutung der Qualität und der demonstrativen Kreativität im Produkt und den Prozessen, kämen sie sich beinahe schäbig vor, nach so etwas Banalem wie einem Preisnachlass zu fragen. Es würde das Erlebnis stören, wenn nicht sogar zerstören. Und das will niemand. Auch der Kunde nicht, denn der bezahlt schließlich dafür, und das nicht zu knapp.

Die Kunden warten sechs bis acht Wochen auf ihre Hose. Warum in aller Welt tun sie das, wenn sie tolle Levis-Markenjeans um 89,95 Euro nur drei Häuser weiter erstehen können … oder gar um 49,95 Euro in Aktion? Und, unter uns gesagt, für die meisten Figuren findet sich bei Levis durchaus etwas gut Passendes.

Was macht die Gebrüder *Stitch* so besonders? Das Unternehmen hat ein Grundgesetz der Branche infrage gestellt, nämlich das, dass Jeans bereits fertig sind, wenn der Kunde das Geschäft betritt. Dieses Grundgesetz gilt nicht bei den Gebrüdern *Stitch*. Dort werden Maßjeans fabriziert. Zertifiziert organisch. Und nicht nur das. Das allein wäre zu wenig. Diese Unternehmer haben sich wirklich etwas überlegt. Es gibt ein durchgängiges Konzept und eine Menge spannender, ungewöhnlicher und provokanter Ideen. Und das alles perfekt umgesetzt. Durchgezogen auf allen Kanälen ... Website, Facebook, YouTube-Kanal, Blog, E-Mails, Geschäftslokal, Mitarbeiter. Mit beinahe pedantischer Detailverliebtheit spricht alles, was Sie von Gebrüder *Stitch* zu sehen, lesen oder hören bekommen, dieselbe Sprache.

Genau das macht die Gebrüder *Stitch* zu etwas Besonderem, etwas, woran die gelangweilten Gehirne potenzieller Kunden hängenbleiben. Etwas, das die Orientierungsreaktion auslöst. »Was ist das? Was tun die? Ist das interessant für mich?«, fragt sich das Kundengehirn, und schon ist Aufmerksamkeit vorhanden. Die erste und entscheidende Stufe im Verkauf. Und dieses Auslösen der Orientierungsreaktion macht Gebrüder *Stitch* zu einer Insel des Wertvollen in einem Meer des Billigen.

Ein wenig wie das kleine gallische Dorf in den Asterix-Comics trotzt das Geschäft der Gebrüder *Stitch* dem anwogenden Meer des Billigen.

Die Zeit des Billigen

Immer, wenn ich Zeitungen oder Zeitschriften durchblättere, Schaufenster betrachte, Post öffne oder Werbe-E-Mails lösche, gelange ich zum Eindruck, dass wir in einer Zeit des Billigen leben. Überall Preiswerbung, Sonderangebote, Rabattaktionen und Berichte von Preiskämpfen quer durch die Branchen im Wirtschaftsteil der Zeitungen. Ist das mehr geworden? Ich denke ja. Wachstum ist ein menschliches Grundbedürfnis. So auch in Unternehmen, in der Wirtschaft allgemein. Ziel ist stets, dass es mehr wird. Wachstum um jeden Preis könnte man sagen. Ohne Rücksicht auf die sprichwörtlichen Verluste, wie ich etwas später genauer erläutern werde.

*Im nächsten Jahr planen wir eine Umsatzreduktion
von 7%* ...

Haben Sie schon einmal von einer Führungskraft bzw. einem Unternehmer gehört »Für nächstes Jahr planen wir eine Umsatzreduktion von 7% und ich erwarte mir von Ihnen allen, dass Sie Ihr Bestes tun, damit wir gemeinsam dieses Ziel erreichen!«? Wenn ja, melden Sie sich bitte bei mir! Darüber wüsste ich gerne mehr. Und verstehen Sie mich nicht falsch. Ich bin selbst gelernter Betriebswirt und mit der Wachstumsdoktrin großgeworden (die man durchaus kritisch und grundlegend hinterfragen kann ... aber nicht in diesem Buch). Unser gesamtes Wirtschaftssystem ist auf Wachstum ausgerichtet und würde ohne Wachstum relativ rasch kollabieren.

Der Punkt, auf den ich hinauswill, ist, dass von vielen Unternehmen – bei aller Wachstumswut – auf die falschen Parameter geschaut wird. Man stellt Umsätze in den Vordergrund und forciert dieses Umsatzwachstum durch Preisaktionen. Wenn am Monatsende der Umsatz über Plan liegt, knallen die Korken. Es wird gefeiert, obwohl es, wenn man Gewinne und Deckungsbeiträge betrachtet, schon lange nichts mehr zu feiern gäbe. Doch wer weiß am Monatsende, wie viel Deckungsbeitrag er erwirtschaftet hat, geschweige denn am Tagesende? Viele Unternehmen wachsen sich sprichwörtlich zu Tode. Und so läuft man blindlings auf den Abgrund zu. Aber zumindest in Partylaune. Eine Zeit lang. Ein wenig so, wie während des Sex zu sterben.

Was wäre, wenn ...

In meiner Beratungs- und Vortragstätigkeit für Unternehmen haben sich Fragen á la »Was wäre wenn ...?« oftmals als sehr produktiv erwiesen. Diese hypothetischen Fragen reißen uns bisweilen aus unserem gewohnten Denkrahmen und erlauben uns, das Undenkbare zu denken. Wenngleich ich feststelle, dass es viele Menschen gibt, die es sich nicht erlauben, denen allein der Gedanke daran, das Undenkbare zu denken, physische Schmerzen verursacht.

Aber ich nehme einmal an, Sie gehören nicht dazu und schaffen das. Lassen Sie uns ein kleines »Was wäre wenn …?«-Experiment in Bezug auf Preise und Rabatte machen. Was wäre, wenn in einer Branche auf einen Schlag alle Anbieter weniger Rabatt geben würden? Sagen wir einmal, alle Autohändler geben um 1% weniger Rabatt als bisher. Was meinen Sie? Würden weniger Autos verkauft werden? Ich denke nicht. Kein einziges. 10%? Ja. 10% würden sich auf die Stückzahlen auswirken. Da bin ich sicher. Aber nicht 1%. Das hat mit der Preiselastizität zu tun (die uns im weiteren Verlauf noch beschäftigen wird).

Und gleichzeitig weiß ich, dass 1% mehr Deckungsbeitrag für so manchen Autohändler den Unterschied zwischen wirtschaftlichem Fortbestehen oder Untergang bedeutet. Eine im Grunde groteske Situation. Oder?

Unternehmen im Gefangenendilemma

Erklärt kann dieses Verhalten mit dem Konzept des Gefangenendilemmas [★] werden. Dabei haben zwei Gefangene beim Verhör die Wahl, sich gegenseitig zu verraten oder aber dichtzuhalten. Am besten würden sie aussteigen, wenn beide dichthielten. Doch wehe, einer tut das nicht. Dann ist der andere der Verlierer. Wie also entscheiden? Kann man dem anderen vertrauen? Wird dieser vernünftig entscheiden? Analog verhielte sich das optimale wirtschaftliche Ergebnis für alle Anbieter in einem Markt, wenn sie gemeinsam die Preise hochhalten würden. So hoch, dass die Kunden mehr ausgeben, aber nicht weniger kaufen würden.

Das ist natürlich seitens des Kartellrechts strengstens verboten. Und da es diese Abstimmung nicht geben darf, machen alle das Zweitbeste laut des Gedankenspiels des Gefangenendilemmas. Jeder schaut, dass er schneller bzw. in unserem Fall billiger ist als die anderen, um so die Nase vorne zu haben. Dadurch entstehen Preiskämpfe, bisweilen sogar blutige Gemetzel, bei denen am Ende alle verlieren. Selbst die Kunden, die die Zeche entweder in Form schlechterer Qualität bezahlen, oder am Ende nur mehr einem Anbieter gegenüberstehen, der den Markt dominiert.

Die Welt prügelt sich mit Rabatten … und manche verzichten darauf

Es gibt Unternehmen wie die Gebrüder *Stitch*, die sich aus Preiskämpfen weitgehend heraushalten und einen ganz anderen, eigenen Weg beschreiten. Einen Weg, der sie nicht einmal in die Nähe von Preiskämpfen und Rabattaktionen führt. Einen Weg, der definiert wird durch kreative Ideen, durch Qualitätsbewusstsein, durch haltlose Kundenorientierung und dadurch, die Gesetzmäßigkeiten einer Branche infrage zu stellen. Bisweilen sogar die Grundgesetze. Manchmal gelingt es so, alteingesessene Branchen wachzurütteln oder bis in die Grundfesten zu erschüttern. Ab und an entstehen sogar neue Geschäftsbereiche daraus. Und manchmal bleibt es bei einem einzelnen Unternehmen, das unbeirrt und tapfer seinen Weg beschreitet.

Um diese Unternehmer und Unternehmen, die Inseln des Wertvollen im Meer des Billigen, kleine und größere, geht es in diesem Buch!

Mein langer Weg zu diesem Buch …

Was bringt mich zu diesem Buch? Dazu will ich kurz ausholen. Während meines Wirtschaftsstudiums hat mich alles fasziniert, was mit Verkauf, Marketing und Werbung zusammenhing. Mich haben die psychologischen Hintergründe gefesselt und ich habe Bücher und Studienergebnisse verschlungen, in denen es darum ging, wie Kunden ticken, warum wir uns oft so seltsam verhalten und noch seltsamere Entscheidungen treffen. Gerade wenn es um das liebe Geld geht, ums Einnehmen und noch vielmehr ums Ausgeben, gibt es allerlei psychologische Absonderlichkeiten (zu denen ich später noch kommen werde).

Ursprünglich wollte ich Werbung machen und bin doch im Verkauf gelandet. Das war das Beste, was mir passieren konnte. Nirgendwo kann man die psychologische Wirkung von Kommunikation so unmittelbar erleben wie in einem Gespräch, in dem man dem Kunden Auge in Auge gegenübersitzt. Und genau da bin ich mehr als ein Jahrzehnt geblieben. Zuerst bei unterschiedlichen Unternehmen in Österreich. Später habe ich für *Samsonite* von Köln aus den deutschsprachigen Raum und wechselnde Ostländer geleitet. Schon damals, um die Jahrtausendwende, war deutlich zu spüren, dass der Druck auf Umsätze, Stückzahlen und Marktanteile Jahr für Jahr stieg. Wir haben immer mehr Koffer containerweise an Großabnehmer wie *Karstadt* oder Kaufhof sowie Einzelhändlerverbände verkauft. Zu knapper werdenden Margen. Und mit jedem Geschäft, das wir erfolgreich abgeschlossen hatten, stieg der Druck (spätestens im Folgejahr) zur selben Zeit ein noch größeres abzuschließen. Ansonsten hätte es ein Riesenloch im Monatsumsatz gegeben und das war nicht akzeptabel.

Aus Verkaufsdruck entsteht Preisdruck

Der Druck trieb uns zu immer größeren Volumina, höheren Konditionen und knapperen Kalkulationen. Wir waren Getriebene unserer eigenen Umsatzfixiertheit. Bisweilen fand ich das bedenklich. Aber ich hatte keine Zeit, lange darüber nachzudenken, schließlich mussten wir Umsätze heranschaffen. Und in Summe hatte es mich nicht allzu sehr gestört, denn wir waren auf vielen Gebieten über lange Jahre hinweg sehr erfolgreich. Ich konnte etwas bewirken und es hatte mir riesigen Spaß gemacht, mit all den Menschen bei *Samsonite* immer wieder Neues auf die Beine zu stellen.

Schließlich stellte sich eine gewisse Sehnsucht nach der Heimat ein und ich bin nach Österreich zurückgekehrt. Als Marketingleiter bei einem großen Automobilhersteller habe ich mich – erstmals in meiner Berufslaufbahn in einer reinen Marketingfunktion – damit beschäftigt, die damals heftig angestaubte Marke den Österreichern nahezubringen. Was ich damals natürlich noch nicht wusste, war, dass diese Firma zur Endstation meiner Laufbahn als angestellte Führungskraft werden sollte. Die Ernüchterung stellte sich, trotz großer Budgets und mehr als einem Dutzend Mitarbeiter in der Marketingabteilung, rasch ein.

Erstens, so musste ich mir bald eingestehen, vermisste ich den direkten Kundenkontakt im Verkauf, den ich erstmals nicht mehr hatte. Zweitens stellte ich fest, dass mein Einfluss im Marketing in einem kleinen Markt wie Österreich sehr bescheiden war. Zunehmend ging es nur darum, in der Zentrale ausgearbeitete Kampagnen in Österreich umzusetzen. Eine wenig spannende und unkreative Tätigkeit.

Und drittens wurde bei diesem Hersteller damals die Marktanteilsorientierung dermaßen auf die Spitze getrieben, dass man dieses Vorgehen – auch aus meiner heutigen Sicht als Unternehmer – nur mehr als lächerliche Farce bezeichnen konnte. Wir mussten etwas für die Marke tun. Diese war seit den goldenen Zeiten des Unternehmens, in den 1960/70er

Jahren am Boden. Das hatte mit allem Möglichen zu tun. Schlechte Produkte, schwache Kommunikation, falsche Entscheidungen an der Konzernspitze, aber nicht – und davon bin ich heute noch überzeugt – mit zu hohen Preisen. Also bemühte ich mich an der Wurzel des Übels anzusetzen (in meinem jugendlichen Überschwang dachte ich damals, ich könnte von Österreich aus etwas bewirken). Es ging darum, einen großen Teil der Budgets in Aktivitäten zu stecken, die die Marke stärkten.

Diese Pläne hielten stets bis zum nächsten Monats- oder Quartalsende. Spätestens dann wurde nämlich der Druck, die Marktanteilsziele zu erreichen, so enorm groß, dass alles Geld und alle Energie in kurzfristige Aktionen gesteckt wurde, um die Statistik zu »behübschen«.

So trickst sich die Autobranche selbst aus

Welche Taktiken nutzt die Autobranche, um die Ergebnisse besser aussehen zu lassen? Im Grunde ganz einfach: Die Zulassung von Neufahrzeugen wird stückgenau erfasst. Das heißt – anders als in vielen anderen Branchen – gibt es exakte Verkaufsstatistiken, die laufend publiziert werden. Pro Marke, pro Modell, pro Bauart. Und an jedem Monatsende gibt es daher viele Möglichkeiten, irgendwo Erster zu sein. Wenn ein Hersteller gegen Ende des Monats merkt, dass er in einer Kategorie, in der er gerne Erster sein möchte, Zweiter oder Dritter ist, werden gezielte Anstrengungen unternommen, um auf den ersten Platz vorzurücken. Man will Erster sein, koste es wirklich, was es wolle.

Die Zulassungsstatistiken sagen aber nichts darüber aus, von wem das Fahrzeug zugelassen wurde. Vom Endverbraucher oder nur vom Händler ist für die Statistik egal. In ein paar Tagen bis zum Monatsende schnell hundert Stück an Endverbraucher zu verkaufen, ist mühsam und unsicher.

Daher fördern die Hersteller massiv die Zulassungen durch die Händler, indem sie kurzfristige Käufe und Zulassungen durch die Händler mit Geld stützen. Mit sehr viel Geld bisweilen. Geld, das ich damals sehr viel lieber eingesetzt hätte, um nachhaltig etwas für die Marke und den Verkauf zu tun.

Um gar keinen falschen Eindruck entstehen zu lassen: Diese Vorgehensweise ist absolut legal und nicht einmal unmoralisch aus meiner Sicht. Sie ist nur, betriebswirtschaftlich betrachtet, aus meiner Sicht längerfristig nicht gewinnorientiert. Für die ohnehin margenknappen Autohändler ist das (zumindest auf den ersten Blick) eine Möglichkeit, die Deckungsbeiträge zu verbessern (bzw. überhaupt welche zu erwirtschaften). Und so kaufen sie ein paar Fahrzeuge und lassen diese auch gleich zu. Daraus entstehen die sogenannten Tageszulassungen. So kann der Hersteller sicher sein, die nötigen Stückzahlen für den ersten Platz in der Zulassungsstatistik vorweisen zu können. Die Autowelt ist in Ordnung und die Konzernleitung ist zufrieden.

Ein Sieg ohne Gewinne(r)

Dieser so erreichte Platz auf dem Marktanteilspodest ist natürlich ein Sieg, der sehr teuer erkauft wurde und immer noch wird (diese Praktik ist nach wie vor sehr gängig). Zumal das Wort »Sieg« in diesem Zusammenhang durchaus kritisch hinterfragt werden muss, denn: Es wurde nur aufgrund dieses Kunstgriffes unmittelbar kein einziges Auto mehr verkauft. An einen wirklichen Kunden, einen Konsumenten oder ein Unternehmen meine ich.

Gleichzeitig führt diese extrem kurzfristige Betrachtungsweise zu einem Rattenschwanz von Problemen. Erstens kosten diese Maßnahmen unmittelbar sehr viel Geld. Wir haben damals in Summe deutlich mehr für derlei statistische

Tricksereien ausgegeben als für echte, nachhaltige Marketingmaßnahmen. Zweitens haben die Händler volle Läger, was zu starkem Verkaufsdruck und damit verbundenen höheren Rabatten führt. Das wiederum reduziert die ohnehin knappen Margen in den Handelsbetrieben. Drittens ist ein Neufahrzeug durch die Zulassung mit einem Schlag 20 bis 30% weniger wert.

Es wird so jede Menge zusätzliche Gebrauchtfahrzeuge geschaffen, was den Wiederverkaufswert der Fahrzeuge reduziert. Auch zum Leidwesen aller Besitzer eines Fahrzeugs dieser Marke bzw. dieses Typs. Und last, but not least kriegen die Fabriken das Signal »Es geht ja« und produzieren weiter drauflos in Mengen, die teilweise von der echten Nachfrage im Markt weit entfernt sind. Und natürlich hinterlassen solche Vorgehensweisen auch beim Hersteller tiefe Wunden. Nicht umsonst hat diese Firma lange Jahre um das wirtschaftliche Überleben gekämpft. Ein wahrlicher Pyrrhussieg also. Ein Sieg – mittelfristig betrachtet – ohne Gewinner und ohne Gewinn.

Fairerweise muss ich dazusagen, dass mein Arbeitgeber weder der einzige Hersteller war noch ist, der die Zulassungszahlen in dieser Art schöner aussehen lässt. Das machen (fast) alle. Manche betrieben das sogar wesentlich exzessiver als wir damals. So mancher Hersteller hat sich nicht einmal Mühe gemacht, die Fahrzeuge dafür nach Österreich zu bringen. Es wurden (unbestätigten Gerüchten zufolge) bisweilen nur die Fahrzeugpapiere nach Österreich geschafft, um die Autos an- und gleich wieder abzumelden. Was für eine Meisterleistung modernen Marketings und Verkaufs.

Genug war genug

Ich war durch meine langjährige Konzernkarriere einiges an betriebswirtschaftlich seltsamen Entscheidungen gewohnt. Auch Umsatz- und Stückzahlendruck war mir nicht fremd. Diese irrwitzige Übertreibung allerdings, diese maßlose Verschwendung von Geld und Ressourcen und letztlich auch diese Negierung unternehmerisch betriebswirtschaftlicher Grundsätze war für mich kaum zu ertragen. Und schon gar nicht längerfristig.

Mein Ziel war es immer, wertvolle Produkte und Dienstleistung zu entsprechenden Preisen zu vermarkten. Ich wollte etwas *Sinn*volles tun und nicht nur Statistiken »behübschen«, damit irgendwelche Führungskräfte in Konzernen kurzfristig besser dastehen. Auch ich selbst wollte nicht auf Basis gefälschter Marktzahlen glänzen. Deshalb zog ich die Konsequenzen und gründete selbst ein Unternehmen.

So gesehen war diese Erfahrung eine wichtige und letztlich sehr gute für mich. Ohne sie würde ich wahrscheinlich nicht hier sitzen und dieses Buch schreiben. Wie viel Geld bei meinem einstigen Arbeitgeber heutzutage in derlei Verschönerungsaktionen der Statistik gesteckt werden, weiß ich so genau nicht. In letzter Zeit war das Unternehmen nicht mehr so oft in den negativen Schlagzeilen. Die Produktpalette ist gewachsen und hat deutlich an Qualität zugelegt und wer weiß, vielleicht wird inzwischen wieder deutlich mehr gewinnorientiertes Marketing betrieben.

Seit dieser Zeit begleiten mich jedenfalls die Themen »Preis« und »werthaltiges Marketing« bzw. »werthaltiger Verkauf«. Seit damals unterstütze ich Unternehmen und Unternehmer dabei, nicht nur Umsätze zu machen, sondern damit auch langfristig und nachhaltig Gewinne zu erzielen. Im Kontakt mit sehr vielen unterschiedlichsten Unternehmen stelle ich häufig fest, dass die Bindung der Mitarbeiter und Führungskräfte an Produkt und Unternehmen in jenen Firmen, die beständig darum bemüht sind, Werte und Preise zu steigern, statt nur Produkte im Markt abzuladen, eine stärkere und langfristigere ist. Es scheint der Preis (in Form des Gehaltes) nicht die wesentlichste Rolle zu spielen. Vielmehr sind die Mitarbeiter stolz, für ein solches Unternehmen zu arbeiten und verwenden dessen Produkte selbst sehr gerne.

Kapitel 2: Die (Ir)rationalität von Kaufentscheidungen

Die scheinbare Rationalität des Preises und die Preis/Wert-Waage

Lassen Sie uns ein paar Schritte zurückgehen. Zum Beginn. Zum Preis. Was ist der Preis eigentlich? »Der Preis ist der in Geldeinheiten bezifferte Wert von Produkten oder Dienstleistungen.« So, oder so ähnlich habe ich es während meines Wirtschaftsstudiums gelernt. Im Grunde beschreibt der Preis ein Austauschverhältnis. Klingt logisch, rational, berechenbar. Oder? Preise sind Zahlen und haben so gesehen etwas mit Mathematik zu tun. Wir können sie addieren oder subtrahieren. Wir können Prozente hinzurechnen oder – besonders wichtig bei Rabatten – abziehen.

Wahrscheinlich sind das die Gründe, warum uns Preise auf den ersten Blick so rational erscheinen. Sind sie aber nicht. Ganz und gar nicht. Im Gegenteil, könnte man behaupten. Es gibt wenige Bereiche, in denen wir uns so irrational verhalten wie in Bezug auf Preise und die damit verbundenen Kaufentscheidungen. Vielleicht ist diese Irrationalität aber auch nur eine scheinbare, denn dem Verrückten

erscheint seine Welt ja auch ganz normal und logisch. Wir
»Normalen« verstehen sie nur nicht.

Kunden treffen Kaufentscheidungen nach einem im
Grunde einfachen Modell. Man kann es sich wie eine Waage
vorstellen. Ich nenne sie die Preis/Wert-Waage. In die eine
Waagschale werden die Euros geworfen, in die andere der
Wert des Produktes oder der Dienstleistung. Wenn nun die
Euros in der Waagschale schwerer wiegen als der Wert,
kauft der Kunde nicht. Wenn es umgekehrt ist, kauft er. Entscheidend ist die Relation Preis vs. Wert. So einfach ist das.
Scheinbar. Denn das Tückische daran ist, dass weder der
Preis (oder um genau zu sein die Preiswahrnehmung) noch
der Wert so einfach feststellbar sind wie z.B. das Gewicht
oder die Größe eines Gegenstandes.

Wie die Psychologie Preise größer
oder kleiner erscheinen lässt

Lassen Sie uns beim Preis beginnen. Der Preis ist klar definiert als Zahl. Doch diese Zahl kann von uns sehr unterschiedlich wahrgenommen werden. Kleiner oder größer, was
natürlich das Gewicht des Preises auf unserer Waagschale
stark beeinflusst. Ob ein Preis kleiner oder größer erscheint,
hat mit verschiedenen preispsychologischen bzw. psychomathematischen® Wirkmechanismen zu tun.

Nehmen wir als Beispiel ein Preisschild her. Im Normalfall will der Verkäufer, dass der Preis kleiner wirkt, als er
tatsächlich ist. Es gibt eine Reihe von Möglichkeiten, die
Preiswahrnehmung des Kunden in dieser Richtung zu beeinflussen. Zum Beispiel können Sie die Preise herunterbrechen, indem Sie etwa aus der Monatsmiete den Tageswert
berechnen, um den Preis so möglichst klein aussehen zu las-

sen, wie es für Leasingfahrzeuge etwa seit Langem gemacht wird. Wenn Sie den Preis am Preisschild links unten platzieren, wirkt er niedriger als in der Mitte oder rechts oben, wie verhaltenspsychologische Studien zeigen. Die Wortwahl am Preisschild verändert die Preiswahrnehmung ebenso. Worte auf dem Preisschild, die auf Kleinheit hinweisen (»nur wenige Kilometer« z.B. bei einem Auto) lassen den Preis ebenso kleiner erscheinen.

Doch das sind nur ein paar Beispiele, um die Tatsache zu illustrieren, dass die Preiswahrnehmung hochgradig beeinflussbar und daher variabel ist. Mehr zum Thema preispsychologisch optimale Gestaltung von Preisschildern finden Sie im Beitrag: »6 absolut erstaunliche Tipps für profitable Preisschilder« [★].

Ein Haus mit doppeltem Wert

Auf der zweiten Waagschale unserer Preis/Wert-Waage liegt der Wert. Dieser ist noch schwieriger definierbar als der Preis. Die Schwankungsbreiten im Wertempfinden sind wesentlich größer als die in der Preiswahrnehmung. Die Basis für die Preiswahrnehmung ist nur die Zahl, während in die Wertewahrnehmung extrem viele Faktoren einfließen.

Betrachten wir das Beispiel einer Immobilie. Eine Bekannte hat kürzlich ein Haus im sehr ländlichen Gebiet verkauft. In der Gegend sind die Grundstückspreise niedrig, ausgesprochen niedrig. Die Gemeinden verkaufen den Quadratmeter Baugrund um ca. 5 Euro. Das Haus, ein 200 Jahre alter Bauernhof, war schmucklos (man könnte nicht von einem erhaltenswerten historischen Gebäude sprechen) und durch Renovierungen und Umbauten in den letzten Jahrzehnten verunstaltet. Meiner Schätzung nach lag das Mindestinvestment, um das Haus vernünftig bewohnbar zu machen, sodass man sich wohlfühlen konnte, bei 100.000 Euro oder mehr. Der Grundstückswert (ohne Gebäude darauf) lag bei großzügig geschätzten 15.000 Euro. Ich hatte keinerlei Absicht es zu kaufen, hätte aber keinesfalls mehr als 70.000 Euro – wenn überhaupt – dafür bezahlt.

Und was denken Sie? Meine Bekannte wollte 145.000 Euro und hat tatsächlich sage und schreibe 140.000 Euro dafür bekommen! Für mich ein unglaublicher Glücksfall, für den sie dem Käufer noch hätte die Füße küssen müssen. Gleichzeitig ist es ein exzellentes Beispiel dafür, wie variabel die Wertempfindung ist.

Ich weiß nicht, was genau der Käufer in dem Objekt gesehen hat, ich habe das jedenfalls nicht gesehen. War es die Lage, die ihm besonders toll erschien, oder hat ihn das Haus an sein Elternhaus erinnert? Schätzt er alte Bauernhäuser besonders, weil sie für ihn so etwas Echtes, Urtümliches im Vergleich zu den moderneren Bauwerken haben? Ich weiß es nicht und er wahrscheinlich auch nicht. Für mich war das eine vollkommen irrationale Entscheidung, die mich aber für meine Bekannte sehr gefreut hat.

Werte entstehen ausschließlich im Kopf des Kunden und haben mit Materialwerten (in Form von Rohstoffpreisen etc.) oder Herstellungskosten oft nur sehr am Rande etwas zu tun.

Auch B2B-Entscheider sind Menschen

Entscheidungen im B2B-Bereich wird mehr Rationalität unterstellt. Professionelle Einkäufer wissen um die psychologischen Wirkmechanismen und die Irrationalitäten und versuchen diese, so weit wie möglich, außer Kraft zu setzen bzw. abzuschwächen. Man definiert genaue Prozesse für Kaufentscheidungen, formuliert strenge Regeln für Anbieter und Entscheider, vermeidet oft sogar – im Bewusstsein der möglichen Ansteckungsgefahr (es könnte ja irgendjemand menscheln) – allzu zwischenmenschlichen Kontakt zwischen Einkäufern und Verkäufern. Da werden bisweilen Online-Plattformen für Auktionen benutzt bzw. Ausschreibungen, für alle einheitlich, verschickt.

Und nutzt all das etwas? Führt das zu rationaleren Kaufentscheidungen? Vielleicht tut es das. Besser werden sie deshalb aber nicht, wenn Sie die lange Reihe von Einkaufsdesastern gerade bei Großprojekten (ich sage nur »Flughäfen«) betrachten.

Fakt bleibt: Der Wert ist etwas, das der Kunde höchst subjektiv definiert und das in dessen Kopf individuell entsteht. Selbst wenn sie in manchen Bereichen und Branchen kleiner sein mögen, weisen Werte in den Köpfen der Businesskunden genauso deutliche Schwankungsbreiten auf und werden ebenso von einer Unzahl von Faktoren beeinflusst. Sonst könnte es schwer möglich sein, dass das iPhone durchaus als Standard-Smartphone für Mitarbeiter in Unternehmen verwendet wird. Es gibt sicher andere Geräte, die ausreichend viel können und deutlich weniger kosten.

Wie viel mehr ist der B2B-Kunde bereit für die Zuverlässigkeit des Lieferanten zu bezahlen? Oder für die Liefergeschwindigkeit? Oder dafür, dass ihm der Lieferant eine gewisse Exklusivität einräumt? Und letztlich sind auch B2B-Entscheider Menschen, die ihre Entscheidungen auf Basis von menschlichen Bedürfnissen, Befindlichkeiten und in Beziehung zu anderen Menschen, selbst Lieferanten treffen.

Wert vs. Preis – Was wiegt stärker?

Wenn Sie beide Seiten der Waage betrachten, mit all ihren Einflussfaktoren und Schwankungsbreiten, würde ich meinen, dass es – solange die Entscheidungen von Menschen getroffen werden – völlig unabsehbar ist, was im Einzelfall stärker wiegt. Wert oder Preis? Daraus folgt: Das Entscheidungsverhalten ist und bleibt im Einzelfall schwer bis nicht einschätzbar.

Um Ihnen noch deutlicher zu machen, wie irrational wir in punkto Preisentscheidungen ticken, habe ich Ihnen zwei Gedankenexperimente mitgebracht.

Preis-Gedankenexperiment #1

Ich entführe Sie in die Toskana. Sie sind dort auf Urlaub. Im Herzen der Toskana liegt Siena, eine mittelalterliche Stadt mit einer bezaubernden Altstadt. In den alten, wunderbar restaurierten Ziegelgebäuden finden sich unglaublich nette Geschäfte. Eines davon ist ein Lebensmittelgeschäft. Ganz klein und bis zum Bersten gefüllt mit allem, was das Feinschmeckerherz begehrt. In der Auslage sehen Sie Prosciutto, edlen Chianti, würzigen toskanischen Käse und natürlich Olivenöl. Es ist gegen Mittag und aus der geöffneten Türe weht Ihnen ein Duft entgegen, dem Sie unmöglich widerstehen können. Sie gehen hinein und von dem jungen Verkäufer mit dem unheimlich sympathischen Lächeln (die Herren dürfen sich eine Verkäuferin vorstellen, wenn Sie das möchten) werden Sie freundlich begrüßt. Er verwickelt Sie in ein Gespräch und besteht darauf, dass Sie verkosten. Da er so freundlich, so sympathisch und so begeistert von seinen Produkten ist (und Sie so hungrig) lassen Sie sich rasch dazu überreden. Schinken, Käse, Wein, Olivenöl.

Das Olivenöl, sagt er, komme aus einer Fattoria in der Nähe. Dort betreibe man schon seit vielen Generationen die Produktion von hochwertigstem Olivenöl im Familienbetrieb. Die Bäume, von denen die Oliven stamme, seien mehr als 400 Jahre alt und können sogar über 1.000 Jahre alt werden. Nur das Beste kommt vom Baum in die Presse und in das hübsche Halbliterfläschchen mit dem traditionellen

Etikett. Ausschließlich höchste Qualität aus erster Kaltpressung »extra vergine«, versteht sich. Die Qualitätssicherung macht das Familienoberhaupt, der Capo selbst, kompromisslos, ohne Wenn und Aber, denn der Name der Familie steht auf dem Spiel. Und das schmecken Sie auch, wenn Sie das köstliche toskanische Weißbrot in das Öl tauchen und essen. Wie ein Feuerwerk für die Geschmacksknospen. So etwas gibt es zu Hause nicht. Sie sind begeistert und kaufen. Wein, Käse, Schinken und natürlich Olivenöl. Was denken Sie, wie viel bezahlen Sie für die Flasche Öl?

Notieren Sie jetzt einen Betrag, zumindest gedanklich.

Zurück zu Hause stellen Sie nach ein paar Monaten mit Schrecken fest, dass das Öl aufgebraucht ist. Wenn es so gut schmeckt, verwendet man ja auch mehr. Sie machen sich auf die Suche nach Ersatz und werden durch ein Flugblatt auf ein neues Italiensortiment bei *Aldi* (*Hofer* für die österreichischen Leser) aufmerksam. Da wird die Halbliterflasche Olivenöl »extra vergine« von einer Fattoria aus der Toskana angeboten. Sie denken sich: »Probieren kann ich es ja einmal.« Was sind Sie bereit, zu bezahlen? Notieren Sie auch für dieses Öl einen Betrag.

Und jetzt vergleichen Sie diese beiden Beträge. Welcher ist höher? Lassen Sie mich raten: der erste? Etwa zwei- bis dreimal so hoch? Wenn ich bei meinen Vorträgen dieses Experiment mit meinen Zuhörern mache, kommen typischerweise für Variante eins Durchschnittswerte von etwa 15 bis 20 Euro und für Variante zwei welche zwischen 5 bis 7 Euro heraus.

Oh ... und ich habe Ihnen noch etwas verschwiegen. Es ist dasselbe Öl, für unterschiedliche Vertriebswege bzw. Händler abgefüllt.

Warum sind die allermeisten von uns bereit für das erste Öl so viel mehr auszugeben? In diesem Fall spielen viele Faktoren mit. Der Urlaub an sich, die Umgebung, die Verkäuferin oder der Verkäufer, das Verkosten (man muss sich ja beinahe mit einem Kauf revanchieren), aber auch die vielen, schönen, ausschmückenden Worte, die ich hier in meiner Beschreibung in Variante eins verwendet habe. Bei Variante zwei hingegen waren es wenige Zahlen, Daten und Fakten. Worte schaffen Werte – wie man deutlich sieht.

Mehr zum Thema »Worte schaffen Werte« finden Sie im Beitrag: »Mit magischen Worten zu höheren Preisen.« [★]

Preis-Gedankenexperiment #2

In unserem zweiten Gedankenexperiment befinden Sie sich in einem Modegeschäft und probieren gerade einen Anzug bzw. ein Kostüm an. Der Anzug passt gut und nach dem Preis gefragt antwortet der Verkäufer: »Das gute Stück kommt auf 595 Euro!« Sie haben denselben Anzug bzw. genau dasselbe Kostüm in einem anderen Geschäft um 585 Euro gesehen. Das andere Geschäft wäre in 20 Minuten zu Fuß zu erreichen. Kaufen Sie hier oder gehen Sie ins andere Geschäft?

Treffen Sie jetzt eine Entscheidung.

Gleich neben dem Modehaus befindet sich eine Papierwarenhandlung. Sie brauchen einen Füller. In der Auslage sehen Sie einen einer bekannten Marke, der Ihnen gut gefällt. Er kostet 19,90 Euro. Genau denselben Füller haben Sie allerdings in einem anderen Papierwarengeschäft um 9,90 Euro gesehen, zum halben Preis also. Das andere Geschäft ist allerdings 20 Minuten zu Fuß entfernt (und nicht in derselben Richtung wie das zweite Modegeschäft). Auch in diesem Fall stellt sich die Frage: Kaufen Sie hier oder gehen Sie in den anderen Laden?

Treffen Sie jetzt eine Entscheidung.

Und? Wie haben Sie sich entschieden? Wenn Sie in etwa so ticken wie die meisten meiner Vortragsteilnehmer, dann halten Sie den Gedanken, für den um 10 Euro günstigeren Anzug 20 Minuten Fußweg auf sich zu nehmen, für befremdlich. »Wegen 10 Euro rechnet sich das ja wirklich nicht!«, denken Sie vielleicht.

Was den Füller angeht, ist das Ergebnis allerdings ein völlig anderes. In diesem Fall würde die Mehrheit nicht im Geschäft Nummer eins kaufen. Der Füller kostet hier ja sage und schreibe das Doppelte. Das ist beinahe Wucher, oder? Und diesen will man keinesfalls unterstützen.

Was dabei leicht übersehen wird, sind die Fakten. In beiden Fällen geht es um 10 Euro Ersparnis im Austausch zu 20 Minuten Fußweg. Die Entscheidung müsste so gesehen in beiden Fällen gleich ausfallen. (Entweder sind Ihnen 20 Minuten Ihrer Zeit 10 Euro wert oder nicht.) Tut sie aber nicht. Der Unterschied im Ergebnis ist unter anderem dadurch zu begründen, dass es neben dem absoluten Preisunterschied von 10 Euro einen relativen gibt. Dieser macht im Modehaus eine potenzielle Ersparnis von knapp 1,7% aus, beim Füller aber mehr als 50%, was für unsere Entscheidung offenbar eine gewaltige Rolle spielt.

Verhaltensökonomie vs. klassische Ökonomie

Für die klassische Ökonomie sind diese Fallbeispiele einfach zu berechnen und daher leicht zu entscheiden. Nur hat die Verhaltensökonomie, eine neuere Fachrichtung, die sich mit dem tatsächlich gezeigten Verhalten von Menschen beschäftigt, festgestellt, dass es den lange propagierten wirtschaftlichen Idealtypus des Homo Oeconomicus, den Menschen, der seine Entscheidungen nach rein rationalen Kriterien und vollkommen logisch trifft, schlicht nicht gibt. Er ist ein rein theoretisches Konzept. Menschen, echte, lebende, atmende Menschen verhalten sich nur in den seltensten Fällen ökonomisch rational und logisch. In unzähligen Fällen – wie z.B. die vorherigen Gedankenexperimente zeigen – verhalten wir uns unlogisch, irrational bisweilen geradezu surreal.

Von den Gefahren der Rationalität

Rationalität ist bzw. wäre sogar gefährlich, wenn es um die Wahrnehmung von Preisen, Werten und sich daraus ergebenden Kaufentscheidungen geht. Gefährlich für die Wirtschaft, für die Unternehmen, für die Verkäufer und Marketer. Klingt seltsam? Übertrieben? Warum das so sein sollte? Nun, das hat mehrere Gründe.

Rationalität ist langweilig und vernichtet Jobs

Stellen wir uns einmal vor, wie es in der Wirtschaftswelt zugehen würde, wenn alle Kunden rein rational denken, handeln und entscheiden würden. Ich weiß nicht, wie Sie das sehen, aber für mich wäre das ein Szenario geprägt von unendlicher Langeweile. Sie geben dem Kunden die Fakten, die er für die Entscheidung braucht. Er stellt gegenüber, bewertet, berechnet und entscheidet. Punkt. Keine bunte Werbewelt. Keine schönen Webseiten oder Kataloge. Vielleicht nicht einmal schöne Produkte. Hauptsache zweckmäßig, alles andere ist Luxus und damit überflüssig. Wäre das nicht ein hervorragender Plot für die Verfilmung einer düsteren Zukunftsvision?

Und wer benötigt unter solchen Rahmenbedingungen Verkäufer, Marketing-Experten, Werbefachleute, Designer, Dekorateure etc.? Richtig! Keiner!

Ohne Irrationalität keine Marken

Ohne Irrationalität gäbe es nicht nur keinen Luxus, es gäbe überhaupt keine Marken. Marken leben von der Schaffung eines teilweise rein emotionalen Mehrwertes, für den wir bereit sind einen höheren Preis zu bezahlen. Selbst in Fällen,

in denen wir wissen, dass es exakt dasselbe Produkt ist, das
andernorts mit einem anderen Label oder in einer anderen
Verpackung verkauft wird. Eine weitere Irrationalität.

Rationalität senkt die Preise und lässt die Wirtschaft schrumpfen

So betrachtet würde mehr Rationalität die Preise senken.
Und wenn die Preise sinken und die Kosten nicht oder
nicht im selben Maß, ist das schlecht für die Unternehmen.
Ganz schlecht. Erst recht für die Wirtschaft als Ganzes. In
dem Punkt scheinen die Weisen der Nationalökonomie sich
relativ einig zu sein: Ein Deflationsszenario ausgelöst durch
sinkende Preise birgt noch mehr Gefahren als eine steigende
Inflation.

Irrationalität ist gut für die Wirtschaft

Das heißt zusammengefasst: Irrationalität bei Kaufentscheidungen ist gut für die Wirtschaft zumindest in dieser Art
von Wirtschaftssystem, in dem wir uns befinden. Diese Irrationalität tut uns gut. Diese Irrationalität lässt Verkäufern
und Marketern die nötigen Spielräume, um potenzielle Kunden in die eine oder andere Richtung zu motivieren bzw.
zu beeinflussen. Diese Irrationalität schafft wirtschaftliche
Spielfelder, auf denen wir uns austoben können und auf
denen es Spaß macht, zu arbeiten.

Kapitel 3: Ist Geiz wirklich geil?

Die »Geiz ist ...«-Gehirnwäsche

Jahrelang wurden unsere Gehirne (zumindest im deutschsprachigen Raum) mit »Geiz ist geil!«-Slogans überflutet. Dutzende Millionen an Werbegeldern flossen über Jahre hinweg in diese Kampagnen. So lange, bis wir langsam begonnen haben, es zu glauben. Dabei widerspricht diese Denke doch unseren westlich/christlichen Grundprinzipen ... und soweit ich weiß, auch denen vieler anderer Religionen und Gesellschaftssystemen. Das heißt nicht, dass es nicht eine Menge Menschen gibt, die erwiesenermaßen geizig ist. Doch ich kenne keinen Einzigen, der damit prahlen würde. Sie etwa?

Als Marketingmann verstehe ich den Sex-Appeal und die Verlockung einer solchen Aussage natürlich nur allzu gut. Sie fällt auf, sticht hervor aus den Millionen anderer Botschaften. Sie ist ein Hingucker und Aufreger. Sie polarisiert. Sie löst eine Orientierungsreaktion aus. Wobei ... heute auch nicht mehr. Zu lange, zu oft wiederholt. Inzwischen hat das offenbar die Mediamarkt-Gruppe eingesehen, die sich dieses Slogans bedient hat. »Ich bin doch nicht blöd!«, tönt es bereits seit Jahren aus Radio und Fernsehen. Gleiche Aussage

(»Ich bin doch nicht blöd … und zahle zu viel!«, würde ich zumindest den Slogan gedanklich fortsetzen), etwas andere Verpackung.

Ob sich das Unternehmen mit dieser Kampagne wirtschaftlich betrachtet mittelfristig wirklich einen Gefallen getan hat, weiß ich nicht, wage ich aber zu bezweifeln. Der Fokus der Verbraucher wurde massiv auf den Preis als einziges Entscheidungskriterium gelenkt. Ganz so, als ob dieser das Wichtigste wäre. Ist er nicht, wie wir etwas später feststellen werden. Der Preiswettkampf in den Bereichen der Unterhaltungselektronik und der Haushaltstechnik wurde dadurch enorm angeheizt. Und wenn sich eine Branche einen Preiswettkampf liefert, freut sich maximal der Konsument. Eine Zeit lang. Und jetzt, selbst Jahre danach, wo er eigentlich Schnee von vorgestern sein sollte, wirkt der Slogan immer noch. Ist zum geflügelten Wort geworden (was werbetechnisch durchaus anerkennenswert ist!). Was geblieben ist, ist viel zerschlagenes Porzellan und das nicht nur in der Branche. Die Scherben sind kaum je wieder kittbar.

Für so manchen Verkäufer in Mediamärkten ist es bestimmt nicht so unterhaltsam, wenn er einen Interessenten 30 Minuten lang bezüglich eines neuen Fernsehers berät und dieser dann locker und lässig sein Smartphone zückt, und auf einer der Preisvergleichsplattformen auf den Preis des Gerätes hinweist, das dort nochmals um 20 Euro billiger angeboten wird und damit droht, dort zu kaufen.

Ja, so hartherzig, illoyal und fies können Verbraucher heutzutage bisweilen sein. Die Technik macht es möglich. Was jetzt tun? Entweder nochmals 20 Euro nachgeben, oder 30 Minuten Zeit verschwendet und einen potenziellen Kunden verloren haben. Ja, manche werden es vielleicht schaffen, ohne nachzugeben. Aber mühsam ist es in jedem Fall.

Alle reden vom Preis – wo bleibt der Wert?

Bei all der Aufmerksamkeit, den der Preis durch die Unternehmen und die Medien erfährt, könnte man sich fragen: »Wo bleibt der Wert?« Anscheinend denken Gott und die Welt nur daran, den Preis zu senken, um das Geschäft anzukurbeln. Genauso kann man aber den Wert – die andere Seite unserer Preis/Wert Waage – erhöhen.

Es gibt nichts, was zu teuer, aber vieles, was zu wenig wert ist

Wie vorhin erwähnt entscheidet der Kunde nach dem scheinbar einfachen Modell: Wenn der Wert höher ist als der Preis, kaufe ich. Wenn nicht, dann nicht. Die Relation Preis vs. Wert ist also entscheidend. So gesehen gibt es nichts, was zu teuer, aber vieles, was zu wenig wert ist. Wie könnte es sonst Luxusgüter geben? Melonen, die in Japan für tausende Dollars pro Stück versteigert werden [★], oder *Rokko No Mizu* [★] das teuerste Mineralwasser der Welt, das um 124 Euro pro Fläschchen über den Ladentisch geht. In Europa zumindest. In Japan ist es, um die Irrationalität noch zu steigern, um umgerechnet weniger als 1 Euro zu haben. Offenbar gibt es für die Käufer einen Wert in diesen Produkten, den viele andere nicht sehen, und sie haben das nötige Kleingeld, sich diesen persönlichen Luxus zu leisten. Man gönnt sich ja schließlich sonst nichts.

Nicht jeder kann sich alles leisten

»Ja, Moment, aber nicht jeder kann sich diese Dinge leisten!«, werden manche vielleicht kritisch bemerken. Stimmt. Natürlich gibt es ökonomische Grenzen dessen, was sich

Kunden leisten können. Doch sehr oft zeigt die Praxis, dass diese Grenzen vielmehr vom »Leisten-Wollen« als vom »Leisten-Können« bestimmt werden. Fälle, in denen sich Menschen einen Porsche kaufen, aber auf dreißig Quadratmetern wohnen, sind häufiger, als man denkt. Bei meinen Reisen in asiatische Zweite-(und bisweilen Dritte-)Welt-Länder bin ich immer wieder erstaunt, in wie vielen erbärmlichen, windschiefen, teilweise wandlosen Hütten Flachbildfernseher mit Satellitenantennen stehen. Auch der Mindestrentner mit dem iPhone ist nicht nur ein Klischee. Und wenn die Anschaffung nicht aus dem regelmäßigen Einkommen finanziert werden kann, dann eben auf Kredit. Kredite für Konsumausgaben haben eine lange Tradition. Das gilt übrigens nicht nur für die unteren Einkommensschichten, sondern im mindestens demselben Ausmaß für die oberen. Nur weil jemand viel Geld verdient, bedeutet das nicht, dass er nicht noch viel mehr ausgibt. Da ist es dann eben der eigentlich nicht leistbare Maserati.

Ist das schlau bzw. ökonomisch klug? Nein, natürlich nicht. Ich persönlich halte es für nicht besonders intelligent. Aber die Menschen sind erwachsen und wie jemand mit seinen Finanzen umgeht, ist eine sehr persönliche Entscheidung. Darüber hinaus geht das, wenn überhaupt, nur die Familie bzw. unmittelbar Mitbetroffene etwas an. Ganz sicher aber nicht den Verkäufer (mal abgesehen von Zweifeln ob der unmittelbaren Zahlungsfähigkeit des Kunden) und mich schon gar nicht. Das würde ich als anmaßend empfinden, wenngleich die Grenze zwischen moralischer Fürsorge und Anmaßung manchmal eine sehr unscharfe ist, die von so manchem Moralapostel permanent überschritten wird.

Vorteile einer wertfokussierten Betrachtung

Vielleicht stehen Sie auf dem Standpunkt, dass es letztlich egal ist, ob Unternehmen oder Verkäufer den Wert erhöhen oder den Preis senken. Für das Verhältnis zwischen Preis und Wert ist es das, aber der Unterschied ist dennoch ein haushoher. Für Unternehmen hat es dramatische, nicht nur finanzielle Vorteile, wenn man den Wert bzw. dessen Steigerung in den Mittelpunkt der Anstrengungen rückt, um das Wachstum voranzutreiben.

Das Senken des Preises (ob dauerhaft oder in Form von Aktionen und individuellen Rabatten) hat verschiedenste Nachteile:

- Preissenkungen reduzieren den Umsatz pro Stück, oft auch den Gesamtumsatz.
- Preissenkungen reduzieren den Gewinn im Normalfall sogar dramatisch (dazu mehr in einem späteren Kapitel).
- Preissenkungen können schwer rückgängig gemacht werden.
- Preissenkungen werten auch das Produkt bzw. die Dienstleistung ab, da der Preis stets auf das Produkt rückwirkt. Mehr zu diesem Effekt im Beitrag: Preismythos #3 – Die Qualität bestimmt den Preis. [★].
- Preissenkungen wirken auf das eigene Unternehmen und die eigenen Mitarbeiter zurück. Es könnte der Eindruck entstehen: »Unsere Produkte sind nicht gut genug, daher müssen wir jetzt billiger werden!«

Durch Wertsteigerungen hingegen entstehen ein besseres Produkt, eine komplettere Dienstleistung, ein überzeugenderes Angebot. Durch die Erhöhung des Wertes eines Angebotes wird im barsten Sinne des Wortes Wert geschaffen, gegebenenfalls etwas ganz Neues kreiert. Durch Preissenkungen wird nur Wert vernichtet. Wertsteigerung ist ein konstruktiver Prozess, Preissenkung ein destruktiver, zerstörerischer.

Zu teuer oder zu wenig wert?

Sollte es Schwierigkeiten geben, potenzielle Kunden vom eigenen Angebot zu überzeugen, kann das natürlich viele Gründe haben. Wenn es um den Preis bzw. den Wert geht, hört man oft »Wir sind zu teuer!«. Doch woran denken wir, wenn wir das hören? Richtig, an Preissenkung. Konstruktiver wäre es daher, in so einem Fall zu sagen: »Unser Angebot ist zu wenig wert!« Dann beginnen wir nämlich automatisch darüber nachzudenken, wie wir diesen Wert erhöhen können.

Mehr zum Thema Preis vs. Wert lesen Sie in den Beiträgen »Die ›Zu-teuer‹-Lüge« [★] und »Die ›Zu-teuer‹-Lüge II« [★].

Kunden kaufen lieber hochwertig

Ich bin fest davon überzeugt, dass Kunden – auch Ihre Kunden! – nicht grundsätzlich »billig« kaufen wollen. Trotz aller »Geiz ist super«-Gehirnwäsche nicht. Kunden wollen Wertvolles kaufen (und ja, niemand ist böse, wenn er Wertvolles ab und an um weniger Geld erstehen kann).

Oder, wie ist das mit Ihnen? Was wollen Sie lieber? Die Jeans von *Kik* um 19,90 Euro, die von *Levis* um 99,90 Euro oder etwa die von Gebrüder *Stitch* um 390 Euro? Die Noname-Digitaluhr oder doch lieber eine *IWC* oder ein anderes edles Uhrwerk Ihrer Wahl? Den Nachbau Energy Drink oder das Original von *Red Bull* (denn wertvoll muss nicht hochpreisig heißen). Abgesehen von der Preisseite brauchen wir darüber, denke ich, nicht grundsätzlich zu diskutieren. Selbst im B2B-Bereich, der in manchen Bereichen durchaus etwas anders tickt, bin ich überzeugt, dass ein Baumeister lieber mit Hilti-Produkten arbeitet als mit Billigwerkzeug aus China.

Warum? Fühlen wir uns nicht besser mit Wertvollem?

Wie ist das, wenn Sie sich im nagelneuen, perfekt sitzenden Anzug von *Boss* oder gar dem aus der Maßschneiderei im Spiegel betrachten? Gut, oder? Hand aufs Herz: Fühlen Sie sich nicht besser, schöner, stärker, selbstbewusster, wertvoller oder sogar größer? (Wenn nicht, wechseln Sie den Schneider!) Ist das nicht seltsam, manche würden sogar sagen krank, dass wir uns von Dingen so beeinflussen lassen? Ja, vielleicht, aber es ist so. Und wenn es funktioniert, warum es dann nicht nutzen? Etwas (aber nicht sehr) überspitzt ausgedrückt, können so gesehen fallweise ein neues, tolles Kostüm mit passenden Schuhen und Handtasche von *Gucci* und Co. viele Therapiestunden ersetzen und noch dazu viel schneller wirken. Dabei könnten Sie sogar noch Geld sparen. Eine gute Investition, die aber leider nicht von der Krankenkasse bezahlt wird.

Hinzu kommen weitere, weniger emotionale Argumente wie höherer, praktischer Nutzen, längere Haltbarkeit oder niedrigere laufende Kosten durch weniger Wartungs- oder Reparaturaufwand.

Preis ist geil

Wenn schon »geil«, würde ich für »Preis ist geil!« plädieren. Und zwar der hohe Preis, um genau zu sein, und der herausragende Wert. Das weckt Emotionen, das erregt Aufmerksamkeit. So macht das Verkaufen auch sehr, sehr viel mehr Spaß.

Und wenn dem so ist, dass Menschen lieber Wertvolles statt Billiges haben wollen, sollten sich Unternehmen diesem grundsätzlichen Wunsch entgegenstellen, indem sie Discountware und Leistungen anbieten? Oder ihm doch lieber entsprechen und ihm Wertvolles anbieten?

Dass es natürlich auch einen Markt für Discount gibt,

ist klar. Und ja, es gibt eine Reihe (wenn auch nicht so viele) langfristig sehr erfolgreicher Discounter. Unter gewissen Voraussetzungen kann Discount ein wirtschaftlich interessantes Geschäftsmodell sein (dazu später noch etwas mehr). Doch dafür brauche ich, wie mir scheint, hier keine Lanze zu brechen. Die Rabattitis greift ohnehin um sich wie ein hochansteckender Virus, der durch die Luft übertragen wird.

Unternehmen zwingen Kunden, aufgrund des Preises zu entscheiden

Durch die Ausrichtung auf den Preis, statt auf den Wert, zwingen Unternehmen ihre potenziellen Kunden förmlich, nach besseren Preisen zu fragen und aufgrund des Preises zu entscheiden. Was sollen sie sonst machen, wenn die Produkte und Leistungen ansonsten fast zu 100% vergleichbar sind? Vor allem im Handel mit Markenartikeln ist das ein Riesenproblem, noch verschärft durch den oft preisaggressiven Online-Handel. Meist fehlen allerdings Konzepte, um einen etwaigen höheren Preis zu kompensieren und in den Köpfen der Kunden zu rechtfertigen.

Kapitel 4: Vom Zombie zum Gamechanger – die Evolution der Unternehmen

Woher kommt diese Fokussierung vieler Unternehmen und Verkäufer auf den niedrigen Preis? Das hat unterschiedlichste Gründe, einer davon hat mit der jeweiligen Evolutionsstufe zu tun, auf der sich ein Unternehmen befindet. Die Evolution von Unternehmen weist durchaus gewisse Parallelen zur menschlichen Evolution auf. Es geht auch hier um eine Entwicklung von Stufe zu Stufe. Von einer unternehmerischen Existenzform zu einer nächsten, höheren, in jedem Fall anderen.

Es gibt fünf Entwicklungsstufen von Unternehmen. Zombies – Preisspieler – Optimierer – Regelbrecher – Gamechanger. Manche durchlaufen diese von unten bis nach oben. Manche steigen gleich in der Mitte oder ganz oben ein. Manche schaffen es nie über die erste oder zweite Stufe hinaus. Viele – vor allem größere Unternehmen – befinden sich in verschiedenen Unternehmensbereichen auf unterschiedlichen Entwicklungsstufen. Optimierer in der Produktion, Preisspieler im Vertrieb etwa. Preisspieler im Produktsegment A, Regelbrecher im Produktsegment B. So kann es durchaus sein, dass ein und dasselbe Unternehmen alle fünf Entwicklungsstufen besetzt.

Diese Entwicklungsstufen stehen im engen Zusammenhang mit der Durchsetzungskraft, was hohe Preise angeht.

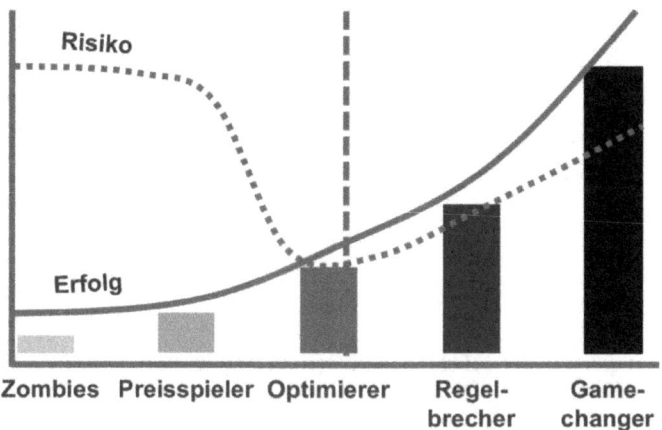

Abb. 1: Die Evolution der Unternehmen

Je höher die Entwicklungsstufe, desto höher oft die relativen Deckungsbeiträge pro Einheit. Und dieser Anstieg verläuft nicht linear, sondern bisweilen stark exponentiell. Oder einfach gesagt: Richtig gut verdient wird weiter auf den höheren Entwicklungsstufen (bzw. weiter rechts im Schaubild), wie auch die Grafik oberhalb illustriert.

Wenn man das Risiko betrachtet, so ist dieses auf den niedrigen Stufen meines Erachtens sehr hoch, nimmt dann ab, um nach rechts wieder deutlich anzusteigen. Aber zumindest könnte man für die hohen Entwicklungsstufen zumindest behaupten: more risk, more fun.

Die Entwicklung eines Unternehmens, so eine erfolgt, muss nicht Stufe für Stufe erfolgen. Es können auch welche übersprungen werden. Ausgelassen. Und die Entwicklung muss nicht immer in eine Richtung erfolgen. Abwärts ist ebenfalls möglich durch ein geändertes Umfeld, Aktivitäten von Mitbewerbern oder neue Führungskräfte. Einzig zum Zombie wird sich kein Unternehmen, das schon einmal auf einer höheren Entwicklungsstufe war, wieder zurückentwickeln. Aber nun will ich Sie nicht weiter auf die Folter spannen. Sie fragen sich sicher schon: »Was in aller Welt bitte ist ein Zombie?«

Stufe 1: Die Zombies

Credo: Was ist ein Credo?

Auf der ersten Stufe befinden sich Unternehmen, die ich liebevoll als Zombies bezeichne. Kennen Sie sich mit Zombies aus? Ich kann mich an die klassischen Zombies aus den Kinofilmen meiner Jugend erinnern. Mit 15 haben wir uns hinein geschummelt (die waren ja erst ab 16 zugelassen) und uns nachher am Nachhauseweg zu Tode gefürchtet. D-Movies (wenn überhaupt) wäre wohl heute eine passende Kategorisierung dafür. »Zombies unter Kannibalen« hieß einer der Kassenschlager, an den ich mich noch allzu lebhaft erinnern kann. Was? Den haben Sie nicht gesehen? Unter uns gesagt haben Sie nicht wirklich viel verpasst. Ich fasse für Sie kurz zusammen – eine kurze Basisschulung zum Thema »Zombies« sozusagen.

Zombies sind Untote. Das heißt, sie sind eigentlich gestorben, bewegen sich aber immer noch. Zum Zombie werden sie durch eine Art Virus, der durch den Kontakt zu einem anderen Zombie übertragen wird. Zombies bewegen sich aber sehr langsam (die klassischen zumindest). Zombies sind nicht stark, relativ leicht zu eliminieren, aber es gibt unheimlich viele davon. Ihre Stärke kommt aus ihrer großen Zahl, aus der Masse. Ihnen ist manchmal nur ein kurzes Leben (wahrscheinlich sollten wir besser von Existenz sprechen) beschert, sie können aber auch lange Zeit nahezu bewegungslos vor sich hinvegetieren. Zombies haben ein Gehirn, aber es funktioniert nur rudimentär. Zum aktiven Nachdenken ist es jedenfalls nicht geeignet. Zombies sind fokussiert auf unmittelbare Bedürfnisbefriedigung. Sie leben, im wahren Sinne des Wortes, von der Hand in den Mund.

Aber warum erkläre ich Ihnen das? Bei genauerem Hinschauen gibt es viele Unternehmen, die in so mancher Hinsicht verblüffende Ähnlichkeiten mit Zombies haben. Und vorab gesagt, ich kann Sie beruhigen. Keine Angst. Sie sind sicher kein Zombie und Ihr Unternehmen ist bestimmt auch keiner. Zombies lesen kaum Bücher und bestimmt keine wie dieses hier. Allein die Tatsache, dass Sie dieses Buch lesen, ist der Beweis dafür, dass Sie sich auf einer höheren Entwicklungsstufe befinden. Sie können sich also entspannen. Ein wenig zumindest.

Unternehmen auf dieser Entwicklungsstufe existieren. Typischerweise machen sie genau das, was in der Branche so üblich ist. Ein Friseur, Arno Müller, will sich selbstständig machen, sein eigener Herr sein und mehr Geld verdienen. Er sucht sich ein passendes Ladenlokal. Vernünftige Lage, versteht sich. Er nennt seinen Salon *Hairstyle Müller* und bietet einen Tarif für Männer und einen höheren für Frauen für Waschen, Schneiden, Föhnen zu ortsüblichen Preisen an. Noch ein paar Zusatzangebote wie Färben und Haarverlängerungen und gut ist es. Dann wartet er auf Kunden. Es spricht sich herum, dass es einen neuen Friseur gibt und sie Kunden kommen. Anfangs wenige, dann mehr. Es werden Haare geschnitten, er hat zu tun und die Einnahmen reichen zum Leben. Okay.

Genau dasselbe Szenario kann sich natürlich in jeder *x*-beliebigen Branche abspielen. Und *Hairstyle Müller* sei ein langes geschäftliches Leben gegönnt. Es kann aber auch ein sehr kurzes sein. Wenn Kunden ausbleiben oder sich ein neuer, starker Mitbewerber einer höheren Entwicklungsstufe im Ort breitmacht, kann der finanzielle Ofen erstaunlich rasch aus sein.

Zombies denken im Normalfall nicht über Wachstum und Weiterentwicklung nach. Das Geschäft läuft, die Einnahmen reichen zum Existieren. Warum sollte man mehr wollen, zumal die Tage ohnehin voll und stressig sind und man abends nur mehr erschöpft vor den Fernseher sinkt. Es bleiben weder Zeit noch Energie, über Wachstum und Veränderung nachzudenken.

Themen wie Preiserhöhungen, um mit deutlich weniger Kunden deutlich mehr Gewinn zu erwirtschaften, Werbung, Marketing, Delegation, Positionierung, Dienstleistungsdesign etc. sind keine. Investiert wird, wenn überhaupt, nur in das Allernotwendigste. Und dazu gehören sicher nicht Werbung, Social-Media-Beratung, Mitarbeiterentwicklung oder Prozessoptimierung. Wozu auch? Kostet nur Geld und bringt nichts. Davon ist Arno Müller überzeugt.

Kunden kommen, weil die Qualität passt, die Preise normal sind und der Friseur nett ist. Eine deutliche Preiserhöhung würde in diesem Rahmen wahrscheinlich zum raschen Fernbleiben der Kunden und über eine schlechte Nachrede zum baldigen Aus führen. Die Preis/Wert-Waage würde komplett aus dem Gleichgewicht geraten. Und das obwohl es im Nachbarort einen Friseur gibt, der nahezu unverschämte Preise verlangt, mehr als das Doppelte von *Hairstyle Müller*. Arno Müller versteht das nicht, aber er ist im Normalfall zu müde, darüber nachzudenken. Ab und an ist er neidisch auf den Erfolg des Konkurrenten, aber nur kurz, denn im Grunde ist er sogar dafür zu müde. Schade eigentlich, denn Neid kann, richtig eingesetzt, die nötige Energie bereitstellen, um sich auf die nächste Stufe weiterzuentwickeln. Manchmal sind diese Situationen von außen betrachtet traurig, fast deprimierend. Man gewinnt bisweilen den Eindruck, dass manche Unternehmen bereits tot sind, aber es noch nicht wissen. Zombies eben.

Unter den Zombies finden sich viele kleine und kleinste Unternehmen quer durch alle Branchen. Ärzte, Installateure, Baumeister, Rechtsanwälte, Gastwirte – quer durch fast alle Branchen. Mittlere und große Unternehmen wären nicht gewachsen, nicht groß geworden, wenn sie noch auf dieser Stufe wären.

Zum Glück gibt es immer wieder welche, die den entscheidenden Schritt schaffen. Nein, nicht den auf die nächste Stufe. Noch nicht. Der entscheidende Schritt ist, über die eigene Situation nachzudenken, nüchtern zu erkennen, was Sache ist, und den festen Entschluss zu fassen, etwas zu verändern. Auslöser dafür gibt es viele. Oft ist es wirtschaftlicher Druck. Zu wenige Kunden, zu wenig Umsatz, zu hohe Kosten und die Bank, die jede Woche anruft. Aber vielleicht ist es ja ab und an der Friseur im Nachbarort, der doppelt so hohe Preise hat, und dem die Kunden trotzdem die Tür einlaufen. »Das will ich auch!«, könnte sich Arno Müller insgeheim denken.

Die, die es schaffen, sich angesichts dieses Mitbewerbers zu fragen »Wie macht der das?« sind auf dem richtigen Weg. Die Mehrzahl versucht allerdings, den Erfolg des anderen kleiner zu machen. Auch ein Weg, um sich selbst wieder besser zu fühlen.

Stufe 2: Die Preisspieler

Credo: Wir sind billiger!

Und diejenigen, die sagen »Es muss sich etwas verändern!« – was machen diese? Stellen Sie sich vor, wir würden hundert Passanten auf der Straße folgendermaßen ansprechen: »Guten Tag. Entschuldigung, dass ich Sie anspreche, aber ich mache eine kleine Umfrage. Ich habe hier im Ort einen Frisiersalon und offen gesagt geht das Geschäft nicht so toll. Haben Sie vielleicht eine Idee, was ich machen könnte?« Was denken Sie, würden jene, die antworten, Ihnen wohl raten?

Ich bin überzeugt, es wären vor allem zwei Empfehlungen. »Da sind Sie wahrscheinlich zu teuer. Senken Sie Ihre Preise oder machen Sie eine Preisaktion!« Und der zweite Ratschlag, wie würde dieser lauten? – »Sie müssen Werbung machen!« Genau das machen Preisspieler in dieser brandgefährlichen Kombination. Viele Unternehmer, Führungskräfte und Verkäufer ticken genauso wie unsere Passanten auf der Straße. Man handelt nach dem Motto: »Der Firma geht es schlecht, lasst uns die Preise senken!« Spannend eigentlich, dass sofort an den Preis gedacht wird und sehr selten an den Wert.

Wenn das Unternehmen vorher unattraktive Produkte, schlechte Dienstleistungen oder einfach gesagt Schrott angeboten hat, bietet es nach der Preissenkung eben billigen Schrott an. Macht es das wirklich besser? Ich denke nicht. Weder aus Sicht des Marketings noch aus finanzieller Sicht. Meist können Preisspieler schlecht rechnen, oder tun es einfach nicht. Die etwaige Umsatzsteigerung kann nämlich in den seltensten Fällen den Verlust an Stückdeckungsbeiträgen kompensieren. Das könnte man schon vorher wissen, oder zumindest erahnen, wenn man rechnen würde.

Oft verstärkt diese Strategie das sich anbahnende Desaster. Beschleunigt es noch. Aber nicht gleich, denn zuerst kommt Freude auf. »Hurra, die Umsätze steigen!« Das Dumme ist, dass die steigenden Umsätze sofort sichtbar werden, die sinkenden Gewinne erst später. Oft zu spät. In Anbetracht der verbreiteten Umsatzgeilheit mancher Unternehmen oder Führungskräfte ist das noch dazu ein Erfolg, der sich gut präsentieren lässt. Den Mitarbeitern, den Vorgesetzten, den Eigentümern und der Presse. Und da die Strategie zu funktionieren scheint, wird sie verstärkt eingesetzt. Dumm gelaufen.

Auf dieser Entwicklungsstufe finden sich sehr viele mittelgroße, aber ebenso große bis sehr große Unternehmen. Von der Sinnhaftigkeit des Wachstums und damit verbundenen Aktivitäten sind alle Beteiligten grundsätzlich überzeugt. Dass Werbung – in welcher Form auch immer – wichtig ist, weiß schließlich jeder. Doch leider produziert man in Kreativmeetings nichts Genialeres als »Lasst uns doch eine Minus-20%-Einführungsaktion machen!« Und diese wird dann kräftig beworben, so lange Budgets vorhanden sind. Ein Armutszeugnis – kreativ wie betriebswirtschaftlich gesehen. Preise rabattieren kann jeder Baumarktlehrling im ersten Lehrjahr. Die wahre Kunst ist es, Aktivitäten zu setzen, die Wert aufbauen, statt vernichten.

»Budget schlägt Hirn!« könnte der passende Slogan lauten. Oft ist es viel besser, wenig oder kein Geld zur Verfügung zu haben. Dann ist man gezwungen, das Gehirn richtig zu fordern und nach Lösungen zu suchen, die neue Wege fernab von Preisaktionen und Preiswerbung beschreiten.

Ein gutes Beispiel für einen Preisspieler war die Baumarktkette Praktiker, die Ende 2013 für immer die Tore geschlossen hat. R.I.P. 20.000 Mitarbeiter verloren ihren Job und drei Milliarden Euro Umsatz waren beim Teufel (oder wo immer der Umsatz nach seinem Ableben hingehen mag). Das Unpraktische mit Unternehmens-Fallbeispielen aus der Preisspieler-Riege ist, dass sie bisweilen schneller zusperren, als ich schreiben kann. Die letzten Jahre vor dem Ende hat das Unternehmen – inzwischen traurige – Berühmtheit mit dem Slogan »20% auf alles« und in der kreativen Steigerungsstufe »20% auf alles außer Tiernahrung« erlangt. Schließlich gipfelte das Konzept in der grenzgenialen Idee »20% auf alles ohne Stecker«. Zumindest hat diese Strategie ein Mahnmal gesetzt für alle, die es zu verstehen wissen. Und für Unterhaltung war ebenfalls gesorgt, da gemunkelt wurde, dass plötzlich Bohrmaschinen, Elektroschleifer und Elektrogrill vermehrt ohne Stecker verkauft wurden ... und die Stecker später in den Gängen und hinter den Regalen entdeckt wurden. Gerüchte, wie gesagt. Was das Beispiel zeigt, ist, dass der Tod kein rascher sein muss. Mit dieser Strategie kann ein Unternehmen – entsprechende Ressourcen vorausgesetzt – durchaus noch Jahre über die Runden kommen. Mehr schlecht als recht, aber immerhin. Statt eines schnellen sauberen Ablebens, ein langsames schmerzvolles Dahinsiechen. Mag jeder selbst entscheiden, was die bevorzugte Variante ist. Für mich: keine der beiden!

Es gibt gewisse Branchen, in denen sich Preisspieler mehr auszubreiten scheinen als in den übrigen. Das hat sicher mit der Größe der Branche zu tun und mit der Aggressivität des Mitbewerbs. Und in manchen Branchen hat die Rabattitis schon Tradition.

Der Autohandel wäre so eine. Gibt es irgendjemanden, der je ein Auto zum Listenpreis kauft? Ich kenne niemanden! So dumm ist dann doch keiner! Gerade in den letzten Jahren, seit der großen Krise 2009 (... ist die eigentlich schon vorbei, oder sind wir noch mittendrin und wissen es nicht?) hat die Rabattdynamik in der Branche noch zugenommen. Zuerst gepusht durch die staatlich geförderte Abwrackprämie hat sich die Sache verselbstständigt. 20, 25, selbst 30% auf Neufahrzeuge sind heutzutage gar keine Seltenheit mehr. Früher waren diese unanständigen Rabattsätze den Durchschnittsmarken und Underdogs vorbehalten. Bei den Premiummarken war jemand, der 6% Rabatt erhalten hat, schon der Held des Abends am Stammtisch. Das ist nicht mehr so. Zumindest zweistellig ist durchaus normal. Wobei ich mir um den Autohandel im Premiumbereich noch am wenigsten Sorgen mache. Wie immer ist es die Mitte, die mit Vollgas auf ernsthafte Schwierigkeiten zufährt oder schon mittendrin ist. Angesichts der Tatsache, dass für viele Autohändler 1–3% Gewinn vor Steuern bereits ein tolles Ergebnis sind, oder besser gesagt wären, sind die hohen Rabatte betriebswirtschaftlich geradezu grotesk. Und wie bereits weiter vorne im Buch gefragt: Wie viele Autos würden weniger gekauft werden, wenn die Rabatte auf einen Schlag um 1 oder 2% sinken würden? Ich behaupte immer noch: kein einziges!

Auch von diversen Möbelhäusern werde ich kontinuierlich mit Preiswerbung bombardiert. 70% Nachlass sind keine Seltenheit. Wer bitte kauft heutzutage noch eine Küche, wenn der Preis nicht zumindest auf die Hälfte reduziert wird? Und was Wein angeht (und ich trinke ganz gerne etwas vom besseren) so verwöhnt mich der örtliche, sehr gut sortierte Supermarkt mit »25% auf Wein-Aktionen«, die in regelmäßigen Abständen, etwa alle vier bis sechs Wochen wiederkehren. Kaufe ich deshalb mehr? Nein, ich denke nicht, aber geblockter. Trinke ich deshalb mehr? Ich hoffe nicht! Und schon bin ich zum Schnäppchenjäger umprogrammiert.

Preisspieler ≠ Discounter

Falls Sie an dieser Stelle einwenden, *Aldi* und andere klassische, echte Discounter wären Preisspieler, dann haben Sie in vielen Fällen weit gefehlt. Aus meiner Sicht gibt es wesentliche Unterschiede, die einen gewaltigen Unterschied im Ergebnis machen.

Discounter sind wie Preisspieler nach außen auf den niedrigen Preis fokussiert. Doch während Preisspieler dieses, wie erwähnt, oft aus einer Notlage heraus, impulshaft und ohne grundlegende Strategie tun, haben echte Discounter ihr gesamtes Geschäftsmodell von Grund auf und von Beginn an auf Discount ausgerichtet. Der niedrige Verkaufspreis ist nur die Spitze des Eisbergs. Damit ein Discountkonzept funktioniert (will heißen profitabel ist) müssen alle Unternehmensbereiche am selben Strang ziehen. Man braucht extrem

schlanke Prozesse und absolute Kostenkontrolle. Wenn bloß der Verkauf oder das Marketing eine 20%-Aktion durchzieht, hat das mit einer Discountstrategie so wenig zu tun wie rot gefärbtes Wasser mit einer Flasche Château Lafite Rothschild. Hardcore Discounter sind vielmehr der nächsten Entwicklungsstufe, den Optimierern, zuzuordnen.

Stufe 3: Die Optimierer

Credo: Wir sind besser!

Deutlich rationaler und mit mehr Gehirneinsatz und Kalkül gehen die Unternehmen auf dieser Stufe zu Werke. Wie die Bezeichnung vermuten lässt, wird optimiert auf Teufel komm raus. Prozesse, Abläufe, Produkte, Mitarbeiter, Preise. In der Produktion, dem Marketing, im Vertrieb, der Buchhaltung und selbst so emotional potenziell sensible Bereiche wie Human Ressource bleiben bei einem echten Optimierer nicht verschont. Es soll Betriebe geben, wo es sogar für die Pinkelpausen einen Prozess gibt.

Bei Optimierern wird viel gemessen. Mitarbeiter und Kunden werden regelmäßig und ausführlich befragt und Marktforschungen sowie Misteryshopping in regelmäßigen Abständen durchgeführt. Alles, was messbar ist, wird gemessen und bisweilen sogar das, was nicht messbar ist. So stößt aus meiner Erfahrung das Messen, Optimieren und Verpacken in Prozessen immer wieder an seine Grenzen, wenn es um zwischenmenschliche Beziehungen geht. Bei Mitarbeitergesprächen etwa. Doch was ein waschechter Optimierer ist, macht auch davor nicht halt. Sei es drum.

Der heilige Gral der Optimierer sind Modelle wie das aus Japan stammende KAIZEN, was so viel wie »Veränderung zum Besseren« bedeutet, oder SIX SIGMA, die US-amerikanische Variante davon, die Anfang der 1970er Jahre von

Motorola entwickelt wurde. Mit diesen Verfahren deckt man systematisch Verbesserungspotenziale auf. Manchmal nur im Promillebereich. Doch konzernweit betrachtet kann auch ein Promille Einsparung sehr viel Geld bedeuten. Und einer der Kernbegriffe all dieser Bestrebungen ist »Einsparung«. Darum geht es letztlich. Das Ziel ist es, besser zu sein.

Wahrscheinlich sind so gut wie alle größeren Produktionsbetriebe (die Autohersteller z.B.) Optimierer. Warum? In vielen dieser Unternehmen finden sich die ganz großen Kostenblöcke, bei denen das Optimieren vom Ergebnis her wirklich Spaß macht. In anderen Bereichen wie Vertrieb und Marketing trifft man Optimierer-Verhalten schon deutlich weniger oft an. Vertriebsprozesse und Marketingprozesse, das zeigt sich in vielen meiner Projekte, die ich für Unternehmen durchführe, sind meist nicht oder nur sehr lose definiert.

Was das Thema dieses Buches, den Preis, angeht, so wird diesem nach meinem Dafürhalten beim Optimieren zu wenig Beachtung geschenkt. Das belegen Studien wie z.B. die der PFH Private Hochschule Göttingen [★]. Und das obwohl der Preis eine deutlich höhere Hebelwirkung für das Ergebnis hat als die Kosten, wie Sie später noch feststellen werden.

Die Denkweise der Optimierer, konsequent umgesetzt, funktioniert. Auch auf Dauer. Optimieren kann die Erträge der Unternehmen langfristig wachsen lassen. Hier sprechen wir von solidem, manchmal langsamen, dafür aber substanziellem Wachstum. Anders als bei dem Strohfeuer, das die Preisspieler immer wieder abfackeln. Was die Erträge angeht, so haben Optimierer oft viel Kraft, nicht zuletzt, weil sie die Kosten gut im Griff haben.

Preislich betrachtet bewegen sich reine Optimierer oft im guten Mittelfeld. Für Spitzenpreise reicht Optimierung allein als Strategie oft nicht aus. Das bedeutet aber nicht, dass ein Unternehmen nicht Optimierer sein kann, was die Produktion betrifft, aber Regelbrecher (Stufe 4) oder gar Gamechanger (Stufe 5), wenn es um die Produktentwicklung oder das

Marketing geht (was schon eine erfolgversprechende Kombination wäre).

Spitzenpreise erzielt nur, wer sich aus dem üblichen Rahmen hinausbewegt. Dramatisch niedrigere Kosten sind oft nur mit der Schaffung komplett neuer Produktionsprozesse zu realisieren. Und genau da liegen die Grenzen dieser Entwicklungsstufe. Mit einer reinen Strategie des Optimierens stößt man an Grenzen, die auf diese Art und Weise oft nicht überwindbar sind. Nehmen wir zum Beispiel die Fehlerquote in einer Produktion her. Diese kann im besten Fall, rein theoretisch, null werden. Praktisch betrachtet kann man sich durch beständige Optimierung diesem Wert unendlich annähern. Kosten können gesenkt werden, aber in einem bestimmten Denkrahmen, dem des Verbesserns und Optimierens, auch immer nur bis zu einem bestimmten Wert.

Im Vertriebsaußendienst kann die Nutzung der Zeit z.B. optimiert werden. Perfekte Routen, ideale Gesprächsleitfäden, technische Unterstützung, wo es geht. Dennoch hat der Tag nur 24 Stunden und die Anzahl der Besuche, die ein Verkäufer leisten kann, ist endlich. Und wenn der Umsatz über eine höhere Besuchsfrequenz gesteigert, optimiert werden soll, ist auch die Umsatzsteigerung endlich. Das bedeutet nicht, dass diese Grenzen nicht überwindbar sind, nur eben nicht mit dieser Strategie.

Auf dieser Evolutionsstufe finden sich viele große, bekannte Namen. Die wirklichen Highflyer allerdings, diejenigen, die die Geschäftswelt und oft auch die Welt in ihren Grundfesten erschüttern und verändern, die mehr verkaufen als die anderen zusammen, und das zu Preisen, die doppelt so hoch sind und deren Namen von Medien und Öffentlichkeit fast ehrfurchtsvoll genannt werden, finden sich hier nicht. Jene sind, zumindest mit wesentlichen Teilbereichen des Unternehmens, bereits in die nächste oder übernächste Evolutionsstufe vorgedrungen.

Stufe 4: Die Regelbrecher

Credo: Wir sind anders!

Der Unterschied zwischen Optimierern und Regelbrechern ist meines Erachtens riesig. Nicht zuletzt deshalb, weil die grundlegende Denkweise eine ganz andere ist. Optimierer denken und handeln in einem vorgegebenen Rahmen und nutzen diesen bis zum letzten Winkel aus. Regelbrecher stellen den Rahmen grundsätzlich in Frage und denken über diesen hinaus. Und der Bereich außerhalb des Rahmens ist immer viel größer als der innerhalb. Sehr viel größer sogar.

Vielleicht ist an dieser Stelle auch das vorliegende System von fünf Evolutionsstufen zu hinterfragen, denn Evolution bedeutet die Entwicklung von einer Stufe zur nächst höheren. Praktisch gesehen stelle ich allerdings fest, dass es viel einfacher ist und dementsprechend öfter vorkommt, Regelbrecher zu sein, wenn man nicht vorher Optimierer war. Die Denkweise einer auf Optimierung ausgerichteten Organisation so grundlegend zu ändern, ist schwierig und der Versuch oft zum Scheitern verurteilt. Zu starr sind die Prozesse, zu tief sitzen die Regeln, zu viel hat man zu verlieren, denn es läuft ja gut. Große Optimierer sind ein wenig wie die Riesentruckzüge, die Australien durchqueren, aber außerstande sind, schnell die Richtung zu ändern, und zum Bremsen hunderte Meter oder gar einen Kilometer benötigen.

Regelbrecher sind meist klein, flexibel, schnell, unorganisiert, prozesslos, regelfrei, chaotisch, pragmatisch, hochgradig kreativ und offen. Ihr Denken ist geprägt von der Frage »Wie ginge das?« während Optimierer eher Gründe dafür suchen und finden, warum etwas nicht gehen kann.  Das haben Optimierer erkannt und begonnen, eigene Tochterfirmen auszugliedern bzw. neu zu schaffen, die nicht vom althergebrachten Denken der Mutter eingeschränkt werden. Dieser Weg scheint wesentlich zielführender zu sein, wenn es darum geht, neue Produkte, Konzepte oder Geschäftsmodelle zu entwickeln, die über den aktuellen Rahmen hinausgehen.

Dort, wo das nicht gemacht wird, gibt man den Entwicklern z.B. zumindest zeitliche Freiräume, in denen sie arbeiten dürfen, woran sie möchten. Bei Google, *3M* und einigen anderen großen Unternehmen hat sich diese Vorgehensweise bewährt.

Viele der bewährten Instrumente der Optimierer wären für die Regelbrecher kontraproduktiv. Kundenbefragungen zum Beispiel. Diese liefern stets nur Ergebnisse innerhalb des aktuellen Rahmens, weil die große Mehrheit der Kunden eben auch kein Regelbrecher ist. So hat der Erfinder des *Post-it®*, *Art Fry*, ein 3M-Mitarbeiter, Jahre gebraucht, allein seine eigenen Kollegen und Führungskräfte für seine Idee zu begeistern. Oder was denken Sie, was Kunden gesagt hätten, wenn man sie vor Erfindung des *Nespresso*-Systems gefragt hätte, was sie von Kaffee in kleinen Kapseln, aber dafür zum sechs- bis zehnfachen Preis halten würden? Das Produkt hätte nie das Licht der Welt erblickt. Henry Ford hat sich dazu, sagt man, folgendermaßen geäußert: »Wenn ich die Menschen gefragt hätte, was sie wollen, hätten sie gesagt: schnellere Pferde!«

Lassen Sie uns das Beispiel *Nespresso* in Bezug auf Regelbruch kurz analysieren, weil es ein exzellentes Beispiel darstellt, wie unglaublich mächtig Regelbrüche sein können, was Preise, Deckungsbeiträge und Erträge angeht (auch, wenn es heute keinen Regelbruch mehr darstellt).

Nespresso macht guten Kaffee. Das allein würde aber den riesigen Erfolg nicht erklären. *Nespresso* hat die Branche vor allem durch drei grundlegende Regelbrüche revolutioniert.

- Verkauf in Mikromengen, statt viertel-, halb- oder kiloweise, und Erhöhung der Kilopreise von etwa 10 Euro auf über 60 Euro. Preispsychologisch ein sehr geschicktes Vorgehen. Der Preis pro Kapsel ist zwar extrem hoch auf das Kilo hochgerechnet, aber absolut betrachtet unter der 50-Cent-Wahrnehmungsgrenze.

- ■ »Ready to use«-Konzept – kein mühsames Reiben, Aufsetzen, Brühen und vor allem kein Reinigen. Einfach Kapsel rein, Knopf drücken und fertig.
- ■ 20 und mehr Sorten, statt nur einer. *Nespresso* hat es einfach gemacht, auch zu Hause eine große Auswahl verschiedener Kaffeesorten zu genießen.

Und ja, George und John haben als Testimonials in den witzigen Werbespots sicher auch zum Erfolg beigetragen.

Durch Optimieren allein wäre es niemals möglich gewesen, die Deckungsbeiträge zu erzielen, die Nespresso mit diesem System schafft. Weder würde die Masse der Konsumenten Kilopreise von 60 bis 70 Euro akzeptieren noch hätte man die Einkaufspreise auf das dafür nötige Niveau drücken können. Dieses Beispiel macht deutlich, das, was Erträge und Preise angeht, der Wechsel vom Optimierer zum Regelbrecher oft kein Schritt, sondern ein Quantensprung (im umgangssprachlichen nicht im exakt physikalischen Sinne) ist, bei dem die Gewinne exponentiell ins Astronomische steigen, oft förmlich explodieren können.

Aber, wie eingangs erwähnt, steigt auch das Risiko. Fairerweise muss man sagen, dass wir immer nur von Erfolgsgeschichten hören, bei denen der Regelbruch gelungen ist, selten aber von den unzähligen anderen Versuchen, wo es nicht geklappt hat. Unter dem Gesichtspunkt des Risikos betrachtet, können Sie z.B. wenig falsch machen, wenn Sie als Franchisenehmer in einem bewährten System starten und das, was funktioniert, optimal umsetzen. Bei einem Start als Regelbrecher ist das Risiko, zu scheitern im Vergleich dazu deutlich höher. Aber auch der Preis, der den erfolgreichen Regelbrechern winkt, ist sehr viel attraktiver.

Doch die Gewinnchancen allein sind nicht ausschlaggebend dafür, Regelbrecher zu sein. Es ist vielmehr eine

Grundsatzfrage. Während Optimieren zwar solide und profitabel sein kann, ist es andererseits potenziell langweilig. Regelbrechen kann definitiv mehr Spaß machen. »More risk more fun!« Im barsten Sinne des Wortes.

Um Regelbrecher zu sein, braucht ein Unternehmen bzw. Unternehmer vor allem Mut. Mut, um das funktionierende Gute, das Erprobte gegen das Unsichere, das Ungewisse, aber möglicherweise viel Bessere einzutauschen. Selbst wenn jemand neu startet, gibt er dafür möglicherweise einen gut bezahlten Job auf. Franchisesysteme z.B., die zum Teil zu den erfolgreichsten Unternehmen weltweit gehören, entstanden häufig aus Regelbrüchen. Als voll entwickeltes System sind dann sie meist als Optimierer unterwegs. Das entspricht auch dem Grundgedanken des Franchisings. Einmal gedacht, tausendmal gemacht. Speziell die erfolgreichsten Franchisenehmer sind oft alles nur keine Regelbrecher, wie ich aus eigener mehr als zehnjähriger Erfahrung als Franchisegeber und -nehmer in verschiedensten Systemen weiß. Regelbrecher scheitern üblicherweise in Franchisesystemen recht rasch. Sie ertragen die Prozesse und Regeln im System nicht und das System erträgt es nicht, dass von ihnen beständig Bewährtes infrage gestellt wird.

Offenbar scheint es Orte zu geben, in denen sich Regelbrecher zusammenrotten und gut gedeihen, weil sie sich gegenseitig befruchten. Das Silikon Valley ist so ein Ort, wenn man sich vor Augen führt, wie viele extrem erfolgreiche Start-ups aus diesem, geografisch betrachtet sehr kleinem Biotop hervorgegangen sind und immer noch gehen.

Speziell in unserer westlichen Gesellschaft ist das Schulsystem allerdings nicht darauf ausgerichtet, Regelbrecher zu entwickeln. Man lernt aus der Vergangenheit. Auf Basis von Fallbeispielen und fischt jeder im eigenen, bekannten Teich. Bestehendes Wissen wird reproduziert, statt neues zu schaffen. Menschen, denen das Regelbrechen in die Wiege gelegt ist, fallen in diesem System oft recht früh unangenehm auf.

Sie kommen mit der Schule nicht zurecht und die Schule nicht mit ihnen. Steve Jobs, Bill Gates und viele Unternehmer ähnlichen Kalibers waren bezeichnenderweise Schulabbrecher. Doch vielleicht ist das gut so, denn, wenn wir alle Regelbrecher wären, würden die Unternehmen funktionieren? Vielmehr: Würde die Gesellschaft funktionieren? Wahrscheinlich müssten wir uns eine ganz neue erschaffen. Regelbrüche sind allerdings nicht von Dauer. Was gestern ein Regelbruch war, wie Kaffee in kleinen Kapseln etwa, ist heute Standard und die Optimierer sind am Werk, noch das letzte Fitzelchen an Kosteneinsparungen herauszuholen. Erfolgreiche Regelbrüche finden eben sehr rasch Nachahmer, vor allem, wenn sie nicht patentrechtlich geschützt werden können und sind dann keine Regelbrüche mehr. Bis der Nächste kommt und den Rahmen erneut sprengt.

Stufe 5: Die Gamechanger

Credo: Wir sind!

Während die Regelbrecher die grundlegenden Rahmenbedingungen ihres jeweiligen Geschäftsfeldes infrage stellen, machen Gamechanger etwas ganz anderes. Sie brechen keine Regeln, sie erfinden einfach ein neues Spiel. Sie schaffen ein Geschäftsmodell für einen Bereich, den es bisher nicht gab.

Dabei kann es sich um neue Produkte, Dienstleistungen oder Anwendungsgebiete handeln, es können aber auch neue Branchen und Wirtschaftsbereiche daraus entstehen. Die Grenzen zwischen Regelbrechern und Gamechangern sind bisweilen nicht einfach und klar zu definieren – demonstriert am Beispiel des Telefons.

Die Erfindung des Telefons hat sich auf der Stufe der Gamechanger abgespielt. Mobiltelefone könnten wir als Regelbruch definieren, Smartphones als kreative Weiterentwicklung des Mobiltelefons ebenso, während Mobile Apps wiederum auf der Stufe der Gamechanger entstanden sind und sich aus ihnen eine komplett neue Branche entwickelt hat.

Naturgemäß ist das Risiko auf der Stufe der Gamechanger noch größer als bei Regelbrechern. Der Lohn, der dem erfolgreichen Gamechanger winkt, ist dafür potenziell ebenfalls größer. Ein Regelbruch schafft bereits ein Alleinstellungsmerkmal gegenüber dem Mitbewerb. Man ist anders und daher schwer zu vergleichen. Und schwere Vergleichbarkeit ist stets eine gute Grundlage für die Durchsetzung höherer Preise am Markt und die Erzielung höherer Deckungsbeiträge und Gewinne.

Bei Gamechangern ist die Vergleichbarkeit zum Mitbewerb nicht nur noch schwieriger, sondern unmöglich. Gamechanger sind per Definition mit ihrem Produkt oder ihrer Leistung die Ersten in einem Markt, der vorher nicht existierte. Sie sind die Einzigen und somit Marktführer. Damit sind die Kunden bei neuen Entwicklungen auf der Stufe der Gamechanger anfangs orientierungslos, was das Thema dieses Buches, den Preis, angeht. Sie können nicht sagen, ob es teuer oder günstig ist, denn das würde einen Vergleich erfordern. Nur womit?

Was Mobile Apps angeht, hat sich z.b. eine Preisspanne von o bis 10 Euro weitgehend etabliert. Höhere Preise sind inzwischen schwer erzielbar. Der Zug ist, zumindest im Moment, abgefahren. Inzwischen wird natürlich verglichen – App mit App. Genauso gut aber hätten sie sich auch im Preisbereich von 10 bis 20 Euro etablieren können, denn – offen gesagt – wenn jemand ein App haben will, machen die paar Euro mehr keinen Unterschied für seine Brieftasche.

Um auf der Stufe der Gamechanger aktiv zu sein, braucht es noch mehr Mut, selbstständiges Denken, Durchhaltevermögen, ein höheres Frustrationspotenzial und die Fähigkeit, Gegenwind, der automatisch kommt, auszuhalten. Vor Menschen, die einem erklären, dass die Idee Blödsinn ist und warum sie nicht funktioniert, muss man als Gamechanger konsequent die Ohren verschließen. Und solche Schwarzmaler gibt es in dem Bereich immer, sonst ist es höchstwahrscheinlich überhaupt kein Projekt im Bereich Gamechanging. Das bedeutet nicht, dass man das Projekt nicht mit anderen besprechen und sinnvollen Rat einholen soll. Man muss nur sehr genau auswählen von wem.

Noch mehr als im Bereich der Regelbrecher sind für Gamechanger alle Arten von Meinungsumfragen vollkommen nutzlos.

Der Preis für all die Kreativität und die Mühen winkt üblicherweise nicht sofort. Zuerst muss investiert werden. Zeit, Geld, Gehirnschmalz, Nerven. Marktführer ist ein Gamechanger per Definition ab sofort, nur ist der potenziell kaufende Markt zu Beginn winzig. Die Durststrecke bis ein Gamechanger unumstrittener Marktführer in einem nennenswert großen Markt ist, kann durchaus eine längere sein. Doch immerhin, es gibt ein reales Ziel. Der Preis winkt und ist grundsätzlich erreichbar.

Zwei Schritte nach vorne, einen zurück

Die fünf Stufen sind ein flexibles System. Veränderungen und Entwicklungen sind in beide Richtungen nicht nur möglich, sondern, vor allem auf den Stufen 4 und 5, vorprogrammiert. Ein Regelbruch oder gar die Erfindung eines neuen Spiels sind immer nur temporäre Angelegenheiten. Erfolg in diesen Bereichen ruft mehr oder weniger schnell Nachahmer auf den Plan. Heute Gamechanging, morgen Business as usual, übermorgen ein alter Hut.

Für Unternehmen, die einen Vorsprung, speziell einen Preisvorsprung, längerfristig halten wollen, heißt das beständig dranzubleiben. In vielen Bereichen (z.B: sehr stark bei technischen Neuerungen) ist zu beobachten, dass die Preisniveaus relativ rasch verfallen. Ein technischer Vorsprung allein reicht oft nicht, um längerfristig einen höheren Preis dafür erzielen zu können. Zu einfach sind heutzutage viele dieser Dinge kopierbar.

Die Botschaft lautet also: Immer wieder neue Regelbrüche, immer wieder neue Spiele. Stillstand ist in der Beziehung wahrlich Rückschritt.

Kapitel 5: Gewinn ist alles, Umsatz nichts

Machen Sie Gewinn oder nur Umsatz?

Wie ist das in Ihrem beruflichen Umfeld? Was steht im Vordergrund, im Fokus, soweit es die Kennzahlen im Vertrieb und im Marketing angeht? Stückzahlen? Umsätze? Gewinne? Erst vor zwei Tagen (während ich hier sitze und schreibe) habe ich für einen internationalen Markenartikler einen Vertriebsworkshop begleitet. Es ging den ganzen Tag über um Vertriebsaktivitäten, Produkte und Wachstum in Stückzahlen und in Euros. Die Worte Deckungsbeitrag oder Gewinn sind dabei kein einziges Mal gefallen.

Schlimmer noch. In meiner gesamten Angestelltenkarriere, anfangs als Verkäufer und später als Führungskraft, standen in den verschiedensten Unternehmen immer die wertmäßigen Umsätze bzw. auch die Stückzahlen und die damit verbundenen Marktanteile im Vordergrund. In manchen Fällen so sehr, dass man es als Umsatzfixiertheit oder gar Umsatzgeilheit bezeichnen könnte. Natürlich wurde ab und an über Spannen und Deckungsbeiträge gesprochen und natürlich wurde – je nach Unternehmen – monatlich, vierteljährlich oder spätestens mit dem Jahresabschluss ein Betriebsergebnis errechnet. Aber das, worüber täglich gespro-

69

chen wurde, was bei Meetings präsentiert wurde, wonach Verkäufer zumeist gemessen wurden, waren Umsätze und Stückzahlen.

Einzig bei einem kleinen Unternehmen in der Einrichtungsbranche, bei dem ich vor ewigen Zeiten eine Zeit lang gearbeitet hatte, wurde bei jedem Verkäufermeeting sehr viel über die Deckungsbeiträge je Auftrag gesprochen. Das weiß ich deshalb noch so gut, weil ich zwar nicht der mit dem meisten Umsatz, aber der mit dem prozentuell höchsten Deckungsbeitrag war. Diese Unternehmen war bezeichnenderweise unternehmergeführt. Offenbar ist es doch anders, wenn es um das eigene Geld geht.

Über meine Zeit in der Automobilbranche und deren Marktanteilsfixierung habe ich zuvor schon gesprochen. Ich will dabei gar nicht die Autokonzerne an den Pranger stellen, wenngleich solche statistischen Tricksereien ein Unternehmer, der sein eigenes Geld ausgibt, vermutlich nicht machen würde. Doch Unternehmen mit angestellten Managern ticken bisweilen anders. Wobei mir klar ist, dass Führungskräfte auf vielen Ebenen einfach vor dem System kapitulieren (müssen) und bisweilen gegen besseres Wissen handeln. Ein ranghoher Manager in dem Automobilkonzern, in dem ich tätig war, sagte dazu einmal: »I am not the driver of this bus!« – in einem Tonfall, der seine Resignation vor dem System deutlich zum Ausdruck brachte. Erst einmal geschaffen (wenngleich von Menschen), bekommen Systeme und Organisationen ein gewisses Eigenleben und eine Eigendynamik, die nicht unbedingt unternehmerischen Zielsetzungen dient.

Doch nicht nur in der Automobilbranche, auch in anderen Branchen feiert die Umsatzfixiertheit fröhliche Urstände. Warum eigentlich? Ich denke, dafür sind mehrere Faktoren verantwortlich.

Umsätze sind leicht messbar

Umsätze, insbesondere Stückzahlen, sind viel einfacher zu messen als Deckungsbeiträge und Gewinne.

Jeder Einzelhändler, selbst der auf der Zombie-Stufe, kann am Ende des Tages üblicherweise sagen, wie viel Umsatz er an diesen Tag gemacht hat. Wie viel Deckungsbeitrag allerdings mit diesem Umsatz erwirtschaftet wurde, wissen viele nicht einmal am Ende des Monats. Selbst Konzerne können oft nicht sagen, wie viel sie in einem Monat, an einem Kunden bzw. an einem Deal verdienen und sind dann – wenn sie es ausrechnen – bisweilen geschockt … und nicht, weil es mehr als erwartet ist.

Stückzahlen sind einfach verständlich

Speziell unter Stückzahlen kann sich jeder etwas vorstellen. Um beim Autohändler zu bleiben, so erzeugt es sofort ein Bild im Kopf, wenn Sie hören, er habe im abgelaufenen Monat 25 Neufahrzeuge verkauft. Zu 25.000 Euro Deckungsbeitrag, der im Hinblick auf den Ertrag viel spannenderen Kennzahl, entsteht bei mir kein Bild. Bei Ihnen?

Gewinn ist »unanständig«

Zumindest in zentraleuropäischen Gefilden ist Gewinn, ganz tief drinnen, immer noch etwas Unanständiges. Er hat etwas Anrüchiges, Unethisches, Unmoralisches. Assoziationen, möglicherweise aufgrund von zwei Jahrtausenden christlicher Kultur, poppen auf: »Wer Gewinn macht, macht ihn auf Kosten anderer!« … »Bei viel Gewinn ist meist auch ein kriminelles Element im Spiel!« … »Hohe Einkommen sind unmoralisch!« In der Bibel heißt es, dass eher ein Kamel durch ein Nadelöhr geht, als dass ein Reicher in den Himmel kommt.

In diesem Rahmen den Gewinn allzu sehr in den Mittelpunkt zu stellen, wäre für viele mehr, als sie ertragen könnten. Konsequenterweise (auch wenn das Unternehmen nicht an der Börse notiert) müssten die Mitarbeiter darüber informiert werden, wie viel die Firma verdient – am Kunden, am Produkt oder gar am Mitarbeiter. Oder, noch schlimmer, vielleicht sogar die Medien und die Öffentlichkeit. Und es stimmt, diese Betrachtung birgt natürlich eine gewisse Sprengkraft. Bei glasklarer Deckungsbeitragserfassung pro Mitarbeiter könnten die Verkäufer auf die Idee kommen, die 100.000 Euro Deckungsbeitrag, die sie pro Jahr für die Firma erwirtschaften, dem Nettogehalt von 35.000 Euro gegenüberzustellen. Was auch immer dieser Vergleich dann auslösen mag.

Es wird zu wenig gerechnet

Wenn ich bei Vorträgen dem Publikum eine kleine Rechenaufgabe stelle, löse ich damit meist großes Erstaunen aus (ich rechne ein paar Zeilen weiter gleich zwei solcher Beispiele mit Ihnen durch). Dabei sind die Rechnungen an sich einfach. Mathematik Unterstufe, Grundrechnungsarten, ein wenig Prozentrechnungen und logisches Denken. Nur wird, so stelle ich fest, in Unternehmen, wenn es um den Zusammenhang zwischen Preisen und Gewinnen geht, viel zu wenig, oft gar nicht gerechnet (während in anderen Bereichen oft zu viel Zeit mit Zahlenspielen verschwendet wird).

Der Preis als stärkster Gewinnhebel

Es sind vor allem zwei Grundgedanken, die ich Ihnen in Form von Rechenbeispielen nahebringen möchte. Zwei Gedanken, die gewaltige Auswirkung auf den Erfolg von Unternehmen haben. Es geht um die Zusammenhänge zwischen Preisen, Rabatten, Umsätzen und Gewinnen.

Rechenbeispiel Nr. 1 – Wie viel Unterschied macht 1%?

Wenn ich Zuhörer (meistens Verkäufer, Selbstständige, Unternehmer oder Führungskräfte) im Rahmen meiner Vorträge frage, ob sie sich vorstellen könnten mit 1% Rabatt weniger auszukommen, ohne dabei einen einzigen Kunden zu verlieren, dann bejahen das – je nach Branche – die meisten oder fast alle. Wie viel ist 1% im Verkaufspreis? Bei einem Neuwagen um 20.000 Euro sind das 200 Euro, bei einem Fensterkauf im Wert von 5.000 Euro im Rahmen einer Wohnungssanierung sind das 50 Euro und bei einem Fernseher um 1.000 Euro sprechen wir von 10 Euro.

Ich persönlich stimme den Verkäufern aus meiner eigenen Erfahrung zu. Wenn der Kunde ordentlich betreut wurde und der Verkäufer professionell gearbeitet hat, wird der Kunde wegen einer Preisdifferenz dieser Größenordnung nicht beim Mitbewerb kaufen. So sensibel (oder elastisch, um den Fachbegriff zu verwenden) reagiert die Nachfrage im Normalfall nicht. 1% ist verkaufsseitig betrachtet nicht viel. Vor allem in Bereichen von ein paar 10.000 Euro nicht. Das bedeutet also, wir könnten in diesem Bereich mit demselben Aufwand und derselben Anzahl von Geschäftsabschlüssen um 1% mehr Umsatz erzielen.

Wenn wir uns die Gewinnseite der Unternehmen ansehen, wird etwa im Handel oft mit Gewinnen vor Steuern von 0 bis 5% (gemessen am Umsatz) gearbeitet. In produzierenden Betrieben können diese bis 10% gehen und bei besonders profitablen Unternehmen sogar darüber liegen. Lassen Sie uns einen Handelsbetrieb beispielhaft heranziehen, der 3% Gewinn erwirtschaftet (was in vielen Branchen schon mehr als ordentlich ist). Was bedeutet dann unser Mehrumsatz von 1% für diesen Gewinn? Richtig! Dieses Prozent schlägt voll auf den Gewinn durch, da ja die Kosten exakt gleich bleiben. Und der Gewinn von 3% erhöht sich dadurch auf 4%. Eine gewaltige Steigerung von satten 33%! Und so wird aus einer Kleinigkeit von 1% auf der Preisseite ein Riesenunterschied auf der Gewinnseite. Kleinvieh macht also nicht nur Mist, sondern produziert eine Menge bares Geld für Unternehmen.

Der Preis ist aufgrund der Arithmetik ein wesentlich stärkerer Gewinntreiber als die Kosten (was nicht bedeutet, dass man nicht an beiden Fronten arbeiten kann oder soll). Unten sehen Sie eine Tabelle, die für unterschiedliche

weniger Rabatt ⬇	Gewinn vor Steuern in %				
	0,5 %	1 %	2 %	5 %	10 %
	Mehr Gewinn				
- 0,25 %	50%	25 %	12,5 %	5 %	2,5 %
- 0,50 %	100 %	50 %	25 %	10 %	5 %
- 1,00 %	200 %	100 %	50 %	20 %	10 %
- 2,00 %	400 %	200 %	100 %	40 %	20 %
- 5,00 %	1.000 %	500 %	250 %	100 %	50 %

Erklärung: Bei einem Unternehmen mit z.B. 2 % Gewinn vor Steuern (gerechnet vom Umsatz) bewirkt eine Reduktion des Rabattes um 0,5 %, ohne dadurch Geschäfte bzw. Kunden zu verlieren, eine Gewinnsteigerung von 25 %.

Abbildung 2: Rabatt/Gewinn-Tabelle

Rabattreduktionen (bzw. Preiserhöhungen) bei verschiedenen Ausgangs-Gewinnsituationen den Mehrgewinn zeigt. Je niedriger Ihr prozentueller Gewinn, desto stärker die Auswirkung des Preises. Bei den richtigen Konstellationen kommen da gewaltige Werte zustande.

So könnte Adidas um 16% mehr verdienen

Wenn wir diesen Gedanken anhand eines größeren börsennotierten Unternehmens, z.b. Adidas (dieses Beispiel wurde rein zufällig gewählt; die Zahlen sind ohne Gewähr), vertiefen, so sieht die Analyse für das Jahr 2015 folgendermaßen aus: Gewinn vor Steuern 1.039 Mio. Euro bei einem Umsatz von 16.915 Mio. Euro ergibt einen Gewinn von 6,14% gemessen am Umsatz. Das bedeutet, dass eine 1-%ige Preiserhöhung (bzw. Rabattsenkung) ohne Mengenverlust eine Gewinnsteigerung von ca. 16% mit sich bringt. Nicht schlecht, würde ich meinen. Um Ihnen ein konkretes Bild zu geben, würde eine 1%ige Preiserhöhung auf ein paar Laufschuhe den Preis von z.b. 125 Euro auf 126,25 Euro steigern ... Es ist wichtig, einfach nur ein Gefühl für die Zahlen zu erhalten. Machbar? Was meinen Sie?

»Das ist eine Milchmädchenrechnung!«, höre ich an dieser Stelle profunde Kenner der Branchenmaterie förmlich denken. Und diese haben recht (wenngleich ich gestehen muss, dass ich gar nicht so genau weiß, wie Milchmädchen rechnen)! Natürlich gibt es speziell in einem so stark vernetzten Konzern eine Unzahl von politischen und betriebswirtschaftlichen Einflussfaktoren und hochgradig komplexe Wechselwirkungen. Meine Betrachtungsweise ist natürlich, der Lesbarkeit und Verständlichkeit halber, sehr stark simplifiziert. Und dennoch, die Grundaussage bleibt deftig und birgt eine Menge Stoff zum Nachdenken: 1% = 16%!

Dieselbe Berechnung können Sie mit anderen börsennotierten Unternehmen (da sind alle Zahlen online ersichtlich) ebenso durchführen und natürlich, besonders spannend, auch für Ihre eigene Firma.

Kleinigkeiten machen große Unterschiede – auch bei Selbstständigen

Um die folgende Betrachtung auch auf Kleinstunternehmen, selbstständige Dienstleister z.b., auszudehnen, lassen Sie uns Folgendes annehmen. Eine Beraterin mit einem Tagsatz von z.B. 1.500 Euro erhöht diesen um 100 Euro. Das 1%-Beispiel wäre in diesem Fall nicht passend, weil der Betrag zu gering wäre (nur 15 Euro) und der Deckungsbeitrag extrem hoch ist. 100 Euro sind ein Betrag, bei dem man durchaus annehmen könnte, dass diese Erhöhung ohne Auftragsverluste umsetzbar ist. Bei 100 Tagen pro Jahr käme dabei aber ein anständiger Mehrgewinn (die Kosten blieben ja gleich) von 10.000 Euro heraus. Das würde z.b. die Leasingrate eines Pkws der Oberklasse finanzieren. Nicht schlecht würde ich meinen. Kleinvieh macht auch bei dieser Betrachtung jede Menge sehr fruchtbaren Dünger.

16% mehr Gewinn ohne Mehraufwand, aber wie?

»Aber selbst wenn die Rechnung tatsächlich so einfach ist, wie lassen sich denn 16% mehr Gewinn (wenn wir ein Unternehmen wie Adidas als Beispiel nehmen) erzielen, ohne den Aufwand im Verkaufsprozess selbst nennenswert zu erhöhen?«, könnte an dieser Stelle jemand berechtigterweise fragen. Da gibt es einige, spannende Varianten und Möglichkeiten, ohne von den Klassikern, wie z.B. Zusatzverkauf, zu sprechen. Grundsätzlich gibt es zwei Richtungen. Sie können die Rabatte, Nachlässe oder Boni senken oder die Preise erhöhen.

Effektives Verkaufsgesprächsdesign
Sehr viel Potenzial liegt im psychologisch effektiven Design
von Verkaufsgesprächen in Form eines getesteten und funk-
tionierenden Gesprächsleitfadens. Womit beginnt es? Wie
läuft es ab? Welches Element folgt an welcher Stelle? Was
wird gesagt und wie? Jedes einzelne Wort kann das Ergebnis im Preis beeinflussen. Eine Frage anders gestellt, kann
deutlich mehr Umsatz und Gewinn produzieren. »Brauchen
Sie zu Ihrem Gerät auch noch Batterien?« (Var. 1) ... »Wie
viele Batterien wollen Sie denn dazu?« (Var. 2) ... »Wollen
Sie zwei Batterien für Ihr Gerät oder doch lieber gleich das
Zehnerpack, damit sie Ihnen sicher nie ausgehen?« (Var. 3)
Was denken Sie, welche Variante ist wohl die erfolgreichste
in Sachen Verkauf? Wenn Sie meinen die Nr. 2 oder 3, liegen Sie sehr wahrscheinlich richtig. Nur solche Feinheiten
der Fragestellung fallen einem Verkäufer im vorliegenden
Fall nicht spontan ein. So etwas gehört geplant ... und natürlich geübt.

Sehr oft wird der Ablauf von Verkaufsgesprächen immer
noch völlig dem Zufall überlassen. Doch es gibt auch po-
sitive Beispiele. In meiner Zeit als Franchisenehmer von
Mrs. Sporty, dem Frauenfitnessclub, verwendeten wir einen
exzellenten Leitfaden für Verkaufsgespräche, der in mehr
als zwei Drittel der Fälle zum Abschluss führte. Dadurch,
dass alles niedergeschrieben und dokumentiert war, konnten neue Mitarbeiter einfach und schnell trainiert werden
und rasch erfolgreich im Verkauf sein. Zugegeben, nicht alle
Produkte sind so einfach wie eine Mitgliedschaft in einem
Fitnessclub. Doch ein komplexeres Produkt oder eine komplexere Dienstleistung entbinden nicht von der Aufgabe, das
Verkaufsgespräch professionell zu designen. Ganz im Gegenteil sogar.

Professionellere Preisgespräche

In meiner Arbeit mit Verkaufsorganisationen sehe ich, dass oft viel Geld im Gespräch selbst verschenkt wird. Studien zeigen immer wieder, dass die Preisdiskussion nicht, wie stets vermutet, vom Kunden, sondern in zwei Drittel oder mehr der Fälle vom Verkäufer begonnen wird. Das können manchmal ganz unbewusste Signale der Unsicherheit sein, die der Verkäufer körpersprachlich oder stimmlich aussendet. Menschen haben ein feines Sensorium für solche Signale und fühlen sich dann förmlich zum Preisverhandeln eingeladen. Wenn der Verkäufer auf die Frage des Kunden nach einem besseren Preis antwortet: »Eigentlich ist das schon der beste Preis, den ich Ihnen bieten kann!« und dabei vielleicht unsicher zu Boden blickt, läutet er damit die nächste Runde der Preisverhandlung ein. An diesem Erfolgsfaktor lässt sich durch konsequentes Training bzw. Coaching arbeiten.

Mehr zu körpersprachlichen, stimmlichen und verbalen Signalen erfahren Sie im Beitrag: »Signale der Schwäche im Kundengespräch – Wie Verkäufer ihre Kunden zur Preisverhandlung einladen.« [★]

Rabattstaffelvorgaben verändern

In vielen Unternehmen, vor allem in jenen, in denen mit Kunden oft über Preise verhandelt wird, gibt es ordergrößenabhängige Rabattstaffelvorgaben für den Verkauf bzw. Limits, ab denen der Verkäufer die Zustimmung vom Verkaufsleiter einholen muss. Diese Systeme haben natürlich das durchaus vernünftige Ziel, die Rabatte im Auge und im Rahmen zu behalten, sodass diese nicht ausufern. Gleichzeitig muss man dabei bedenken, dass Menschen gerne den Weg des geringsten Widerstandes gehen.

Das bedeutet, dass die vorgegebenen Limits im Verkauf gerne genutzt werden, weil mehr Rabatt den Verkaufsprozess beschleunigen und die Abschlusswahrscheinlichkeit erhöhen kann. Selbst bei deckungsbeitragsabhängigen Provisionen ist der Effekt oft zu beobachten, da vielen »der Spatz in der Hand lieber ist als die Taube auf dem Dach«, speziell dann, wenn die Taube für den Verkäufer gar nicht so viel größer und attraktiver erscheint als der Spatz. Bei Immobilienmaklern etwa gibt es eine diesbezüglich ungünstige Konstellation.

Ein Makler erhält z.b. 3% Provision vom Käufer und in vielen Fällen heutzutage keine verkäuferseitige Provision (obwohl er eine solche in der Höhe von bis zu 3% verlangen könnte). Wenn nun für eine Wohnung zum Preis von 300.000 Euro etwa ein Angebot in der Höhe von 280.000 Euro vorliegt, so ist in der Praxis ein starkes Interesse des Maklers zu beobachten, das Geschäft abzuschließen. Die 20.000 Euro Differenz sind für den Verkäufer wie auch für den Käufer sehr viel Geld. Bei der Maklerprovision beträgt der Unterschied nur 600 Euro. Wenn er weitersuchen würde und einen Kunden fände, der bereit wäre, 290.000 Euro für die Wohnung zu bezahlen, würde er 300 Euro mehr verdienen. Dem gegenüber stünde ein Mehraufwand von vielleicht weiteren zehn Besichtigungen in den nächsten drei Monaten. Das würde sich für ihn nicht wirklich rechnen. Der Makler handelt also ökonomisch sinnvoll (wenn auch nicht im Sinne des Verkäufers), wenn er das schnelle Geschäft einem höheren Preis vorzieht. So betrachtet fördert dieses Provisionssystem niedrigere Preise.

Und selbst bei deckungsbeitragsbezogenen Provisionssystemen wird üblicherweise nur über den Umsatz laut und oft gesprochen. Strahlender Champ im Team ist der mit dem meisten Umsatz. Das heißt, allein das Reduzieren des Rabattspielraums der Verkäufer kann manchmal schon den gewünschten Mehrumsatz von 1% bringen.

Preispsychologische Spielräume nutzen

Preise lassen oft Änderungen zu, die nicht groß ins Gewicht fallen und daher vom Kunden einfach akzeptiert werden. Wenn die Flasche Wein im Restaurant statt 18 Euro 18,5 Euro kostet, wird das wohl niemanden vom Trinken abhalten, zumal damit keine preispsychologisch potenziell relevanten Grenzen überschritten werden. Aber Achtung: Wir sprechen von einem Aufschlag von knapp 2,8 %. Diese Preisdifferenz (so sie durchgezogen würde) schlägt sich bei einem Gewinn vor Steuern von z.B. 5 % mit einer mehr als 50 %igem Gewinnsteigerung zu Buche.

Um in der Gastronomie zu bleiben, kann bereits das bloße Umdrehen der Reihenfolge der Speise- oder Weinkarte einen deutlichen Umsatzzuwachs bringen. Statt, wie meist anzutreffen, das günstigste Produkt oben und das hochpreisigste unten aufzulisten, sollte mit dem teuersten begonnen werden. Studien zeigen, dass der Durchschnittspreis dadurch steigt. Natürlich bestellt deshalb nicht jeder den edelsten Tropfen, aber man bleibt in der Auswahl doch etwas weiter oben in der Liste hängen. Der Preispunkt ist mit dem teuersten als Erstes gesetzt und alles, was folgt, wird als Ersparnis im Kopf des Kunden gewertet.

Genauso kann das Ergänzen des Sortiments um ein besonders hochpreisiges Produkt (über dem bisher teuersten) die Auswahl der Kunden stark beeinflussen und nach oben verschieben. Auch in diesem Fall steigt der erzielte Durchschnittspreis.

Eine Reihe preispsychologischer Tipps dieser Art finden Sie im Beitrag: »10 psychologische Preisstrategien, die jeder kennen sollte.« [★]

Bewusstheit schaffen

Oft ist den Mitarbeitern in Unternehmen die Bedeutung, die jeder einzelne Prozentpunkt des Preises für den Gewinn hat, gar nicht bewusst. Kein Wunder, denn bei vielen Führungskräften und Unternehmern fehlt diese Bewusstheit ebenso. Es kann daher sehr profitabel sein, anhand eines Rechenbeispiels, wie meinem hier, diese Bewusstheit zu schaffen und in Meetings, Verkäuferrankings oder internen Verkaufsstatistiken aller Arten, immer wieder den Deckungsbeitrag und den Gewinn in den Fokus zu rücken.

Gewinnorientierung belohnen

Natürlich versteht es sich fast von selbst, dass Verkaufserfolg abhängig vom Deckungsbeitrag gemessen und entlohnt werden muss. Vor allem in Branchen, in denen der Verkäufer Verhandlungsspielraum mit dem Kunden hat und so einen starken Einfluss auf den Gewinn ausübt. Denn Verkäufer, wie alle anderen Menschen auch, richten sich nach dem aus, wonach sie gemessen und bezahlt werden. Dazu später noch Ausführlicheres.

Zusammenfassend könnte man also sagen, dass es etliche Möglichkeiten gibt, 1% mehr Umsatz ohne wirklichen Mehraufwand zu erzielen. Um zu demonstrieren, dass selbst 1% sehr viel sein kann, habe ich diese Latte bewusst niedrig gelegt. Das bedeutet nicht, dass 1% mehr Umsatz das Ende der Fahnenstange für Sie sein soll. Ich bin überzeugt, dass allein durch die kombinierte Anwendung einiger der oben erwähnten Ansätze die Steigerung deutlich höher ausfallen kann.

Rechenbeispiel Nr. 2 – Um wie viel müssen Sie mehr verkaufen, wenn Sie 20% Rabatt geben?
Ein zweites, ebenso spannendes Rechen- und Denkbeispiel ist folgendes. Nehmen wir an, Sie verkaufen Reisegepäck im Einzelhandel (die Branche kenne ich aus meiner Zeit als DACH-Verantwortlicher für *Samsonite* sehr gut). Das Geschäft ist schleppend und Sie müssen etwas tun. Da kommt Ihnen eine Idee: Sie machen eine Rabattaktion. 20% auf alle Hartschalenkoffer. Bisher verkauften Sie pro Monat ca. zehn Hartschalenkoffer á 200 Euro exkl. USt. pro Stück. Ihr Einkaufspreis beträgt 120 Euro pro Stück, sodass Sie einen Deckungsbeitrag (einfach gerechnet) von 80 Euro erzielen. Das ergibt einen Gesamt-Deckungsbeitrag von 800 Euro pro Monat (80 Euro × 10 Stk.). Die Frage ist jetzt: Wie viele Hartschalenkoffer müssen Sie mehr verkaufen, damit sich die Rabattaktion für Sie rechnet (von etwaigen Zusatzverkäufen aus anderen Produktbereichen und Effekten in anderen Bereichen ganz abgesehen)?

Rechnen Sie selbst, oder, noch besser, schätzen Sie einfach mal drauflos, bevor Sie weiterlesen! Was meinen Sie?

Der neue Preis beträgt 160 Euro (200 Euro -20%), der neue Deckungsbeitrag 40 Euro. Lassen Sie uns dabei annehmen, dass *Samsonite* kein Fan von Rabattaktionen mit der Marke ist und Sie daher auch nicht mit einem niedrigeren Einkaufspreis unterstützt. Um wieder zumindest 800 Euro an Deckungsbeitrag zu erzielen, müssen Sie 20 Koffer verkaufen. Das sind doppelt so viele wie vorher und da haben Sie noch keinen Euro mehr verdient. Dass die Kosten gestiegen sind, weil 20 Kunden mehr Aufwand verursachen als zehn und Sie die Aktion ja bewerben mussten, lassen wir der Einfachheit halber auch bei Seite. Sind Sie überrascht? Sehr viele meiner Zuhörer sind es.

Die Fragen, die Sie sich angesichts dieser Zahlen nun stellen können bzw. sollten, sind: »Wie viel Koffer mehr kann ich mit 20% Rabatt verkaufen? Wie zugkräftig ist die Aktion bzw. wie elastisch reagiert die Nachfrage in Ihrem Bereich auf Preisänderungen?« Sollten Sie keine exakten Zahlen haben, können Sie das nur schätzen, gegebenenfalls auf Basis früherer Erfahrungen. Angesichts der Daten würde ich meinen, dass so eine Aktion wirtschaftlich Sinn machen kann, wenn Sie die Stückzahl verdreifachen. Dann würde Sie mit 30 Stück einen Deckungsbeitrag von 1.200 Euro erzielen. Doch, wenngleich die Absätze von Markenartikel meist stärker auf Preisreduktionen reagieren als bei No-name-Produkten, ist es alles andere als einfach, in der Branche mit 20% Rabatt die Stückzahlen zu verdreifachen. Wie das in Ihrer Branche ist, müssen Sie selbst beurteilen.

Diese Art von Überlegungen und Berechnungen werden quer durch die Branchen aber eher selten angestellt. Sonst würde wahrscheinlich so manche Rabattaktion von vornherein abgeblasen. Anstatt zu rechnen, wird rausgehauen. Umsätze und Stückzahlen steigen, und die Welt ist kurzfristig wieder in Ordnung. Schließlich kümmern wir uns um den Brummschädel am Tag danach ja auch noch nicht, wenn wir gerade am Feiern sind, oder? Das würde ja die ganze Stimmung verderben.

Um Ihnen die Berechnung der wirtschaftlichen Sinnhaftigkeit einer Aktion zu erleichtern, finden Sie den Aktionsrechner zum gratis Download auf der Website zum Buch. [★]

Können Sie es sich leisten, billig zu sein?

Falls Sie dennoch meinen, billiger sein zu müssen als der Mitbewerb, sei es im Rahmen von Rabattaktionen oder als grundsätzliche Discountstrategie, muss das sehr gut überlegt sein. Die Frage ist:»Können Sie es sich überhaupt leisten, billig zu sein?«

Wenn es um eine Rabattaktion geht, so ist diese Frage relativ einfach und punktuell – gegebenenfalls mithilfe des Aktionsrechners – zu beantworten. Sie nehmen die Kosten für Werbung etc. mit ins Kalkül und ebenso die möglichen Zusatzverkäufe durch Cross Selling des restlichen Sortiments. Dann errechnen Sie einen Minimum-Zielumsatz für die Aktion und schätzen, ob dieser, realistisch betrachtet, tatsächlich erreichbar sein könnte. Und wenn Sie diesen nicht erreichen, haben Sie etwas für das nächste Mal gelernt.

Viel entscheidender, sogar überlebenswichtig, ist die Beantwortung dieser Frage, wenn es nicht um eine einmalige Aktion geht, sondern um eine permanente Positionierung im preisgünstigen Segment. Das kann durch eine Reihe einzelner Aktionen geschehen, oder durch eine permanente »Wir sind immer billig«-Ausrichtung des gesamten Sortiments. Damit profitabel zu wirtschaften, kann nur unter gewissen Rahmenbedingungen funktionieren.

Wie bereits bei den fünf Evolutionsstufen von Unternehmen erwähnt, müssen Sie dafür Optimierer sein. Voraussetzung ist unter anderem eine gewisse Unternehmensgröße (je größer, desto besser), da Sie sonst nicht die Einkaufsmacht haben, die Sie wiederum benötigen, um die Kosten niedrig zu halten. Wenn Sie den Preis nicht nach oben orientieren, müssen die Kosten nach unten gehen. Bezogen auf Ihr Produkt- und Dienstleistungssortiment lautet die Devise »Weniger ist mehr!« Ein schlankes Angebot hilft, die Kosten zu senken. So zeichnet sich *Aldi/Hofer* durch ein wesentlich kleineres Sortiment aus als *REWE* oder *Merkur* (in Österreich).

Auch die Schlankheit aller Prozesse und die sich daraus ergebende höhere Geschwindigkeit sind entscheidend. Das ist mir kürzlich wieder aufgefallen, als ich an der Supermarktkassa stand und sich die Kassiererin in aller Ruhe mit einer Kollegin unterhielt, während die Kunden Schlange standen. Wenn ich schätzen müsste, braucht ein Kassavorgang selbst ohne Schwätzchen in diesem Supermarkt im Schnitt zwei- bis dreimal so lange wie bei Aldi/*Hofer*. Das bedeutet aber auch, man braucht, grob gerechnet, doppelt so viele Kräfte an den Kassen. Was für ein gigantischer Unterschied bei den Personalkosten!

Wenn »billig« Ihr Weg sein soll, dann aber richtig und konsequent mit jeder Faser des Unternehmens. Viele Firmen machen jedoch den Fehler, dass sie diese Grundausrichtung nicht haben bzw. aufgrund mangelnder Größe vielleicht gar nicht haben können, sich aber dennoch nicht davon abbringen lassen, an der Verkaufsfront »einen auf billig zu machen«. Ein schwerer und sehr gefährlicher Fehler. Denn Kunden, die bei Ihnen kaufen, weil Sie billiger sind, gehen auch rasch wieder, wenn jemand anderer billiger ist. Und eines ist sicher, es kommt jemand, vielleicht morgen schon, der noch billiger ist und Sie unterbietet. Kunden heranzuzüchten, deren einzige Loyalität auf dem Preis beruht, ist eine sehr labile und damit hochriskante Strategie.

Rabattaktionen – gefährlicher als sie aussehen

Ich bin kein großer Freund von Rabattaktionen, wie Sie vermutlich schon bemerkt haben. Fairerweise muss ich aber zugestehen, dass solche Aktionen natürlich gewisse Vorteile haben. Sie erhalten Aufmerksamkeit, mehr Bekanntheit, ziehen vielleicht neue Kunden an oder können Läger und Altbestände bereinigen und machen idealerweise Zusatzverkäufe in anderen, nicht rabattierten Sortimentsbereichen. Wenn der Grund für die Aktionen darin besteht, damit für rasche Liquidität zu sorgen, hat das Unternehmen ohnehin bereits ein sehr weit fortgeschrittenes wirtschaftliches Problem (wie die Baumarktkette *Praktiker* in den letzten Jahren ihrer Existenz).

Die Gefahren auf der anderen Seite sind enorm, von der meist hohen Wahrscheinlichkeit, dass sich (wie oben berechnet) die Aktion nicht unmittelbar rentiert, mal abgesehen. Wenn neue Kunden angezogen werden, sind es oft nur Schnäppchenjäger. Diese bringen Ihnen gar nichts. Dadurch, dass sie ausschließlich das rabattierte Produkt kaufen, reißen sie nur ein großes Loch in Ihren Deckungsbeitrag. Kunden, die nur wegen des Preises kommen, sind hochgradig illoyal.

Noch schlimmer ist aber, dass Sie durch die Aktionen Ihren Deckungsbeitrag an die Kunden verschenken, die ohnehin – aus ganz anderen Beweggründen – bei Ihnen kaufen. Natürlich nehmen diese den Nachlass dankend an. Wenn es darum geht, Stammkunden etwas Gutes zu tun, gibt es sicher bessere und vor allem günstigere Ideen. Wenn Sie die Aktionen noch dazu regelmäßig machen, werden Sie feststellen, dass sich auch die Stammkunden rasch an den Rhythmus gewöhnen und geballt dann kaufen, wenn es billiger ist. Ja, ich weiß, man hofft, sie kaufen so mehr und verbrauchen dadurch auch mehr. Das mag fallweise so sein. Aber kompensiert der Mehrumsatz den Gewinnentgang? Berechnen Sie es.

Smarte statt satte Rabatte

Ich will nicht zu radikal und dogmatisch sein. »Ab und an eine Preisaktion hat etwas Gutes und kann nicht schaden!«, denken vielleicht so manche. Ja, wenn sie mit Hirn gemacht ist. »Smarte, statt satte Rabatte!«, lautet die Devise.

Was sind wenig profitable Rabatte? »20 Prozent auf alles!« etwa ist kein Paradebeispiel kreativen Marketings (so diese 20% nicht vorab gut überlegt und sauber gerechnet wurden). Damit ist der potenzielle Effekt von nicht rabattierten Zusatzverkäufen von vornherein ausgeschlossen. Ein wiederkehrender »Minus-10%-Montag«, wie ihn die jahrelang dahinsiechende und inzwischen bereits verstorbene österreichische Baumarktkette *Baumax* lange Zeit propagiert hat, führt dazu, dass die Kunden mit Anschaffungen, die nicht dringend sind, eben warten. Mehrumsatz? Generell sind banale »Minus-X-Prozent-Aktionen« immer weniger geeignet, die Aufmerksamkeit der Kunden zu erregen. Selbst die in letzter Zeit von Möbelhäusern oft beworbenen »bis minus 70%«, lassen mich nicht einmal mehr mit der Wimper zucken. Ich bin abgestumpft. Und Sie? Was »minus 70%« allerdings schon bewirken, ist, die Glaubwürdigkeit des Unternehmens an den Rand der Lächerlichkeit und darüber hinaus zu befördern. Wie ernst nehmen Sie den nächsten, nicht rabattierten Preis dieses Unternehmens? »Die wollen mich über den Tisch ziehen. Ich bin doch nicht blöd und zahle den vollen Preis. Da geht sicher noch etwas!« Another new Schnäppchenjäger and Preiskäufer is born! ... und malträtiert Verkäufer von nun an mit Rabattforderungen und Preisverhandlungen.

Was sind die Alternativen? Wie können Sie Rabattaktionen intelligenter und profitabler gestalten? Einen Riesenunterschied z.b. macht es, ein einzelnes Produkt oder Sortiment mit einem Aktionspreis zu versehen. Die Kunden kommen bzw. melden sich und kaufen bei der Gelegenheit gleich noch einiges anderes, womit Sie dann Geld verdienen. Wenn schon Rabatt, dann braucht dieser aus verkaufspsychologischer Sicht immer einen Grund. Wenn jemand wirklich sein Lager alter Ware räumen will, leuchtet dem Kunden das ein. Es wirkt seriös (was es allerdings bei etlichen Firmen, die das ganze Jahr über »das Lager räumen« nicht mehr tut). Oder Sie haben Ware der zweiten Wahl in begrenzter Stückzahl im Abverkauf. Um glaubwürdig zu sein und zu bleiben, müssen Rabattaktionen zeitlich eng beschränkt sein. Und ganz wichtig: Lassen Sie sich bloß zu keiner Regelmäßigkeit hinreißen. Die Kunden lernen das schnell und warten auf Ihre nächste Aktion.

Eine Menge weiterer Ideen zum Thema »smarte Rabatte« finden Sie im Beitrag: »Smarte Rabatte – Gewinn erhöhen, statt Geld verbrennen.« [★]

Gewinn ist alles, Umsatz nichts

Natürlich ist es klar, dass gerade Produktionsbetriebe Umsätze einer gewissen Größenordnung benötigen, um die Produktion am Laufen zu halten und die Mitarbeiter sinnvoll zu beschäftigen. Klarerweise erfüllt der Umsatz einige wichtige Funktionen in Unternehmen neben jener, die Basis für den Gewinn darzustellen. Und ja, kurzfristig kann es oft besser sein, weniger zu verdienen als gar nichts.

Dennoch: Am Endes des Tages, des Monats oder spätestens des Jahres sind es die Deckungsbeiträge und Gewinne, die Unternehmen am Leben erhalten und so Arbeitsplätze schaffen und sichern. Vom Umsatz allein können Sie nichts abbeißen. Gewinne finanzieren Investitionen in Mitarbeiter, in Forschung und Entwicklung, in neue Produkte und Märkte, in Wachstum. Mit ausreichenden Gewinnen können sich Unternehmen und Unternehmer das eine oder andere Experiment mit ungewissem Ausgang leisten. *Google* etwa verdient richtig großes Geld mit seinem Stammgeschäft im Internet. Wer aber meint, *Google* sei nur eine Suchmaschinenfirma, die Werbung im Internet verkauft, irrt gewaltig. *Google* arbeitet an unzähligen Projekten in einer Vielzahl von Branchen, oft im High-Tech-Bereich. Das selbstfahrende Auto ist eines davon. Viele dieser Projekte sind dadurch gekennzeichnet, dass der Kapitalbedarf für die Entwicklung extrem hoch ist, und der Erfolg hochgradig ungewiss. Ohne die enormen Gewinne aus dem Stammgeschäft wären diese Projekte schlicht nicht möglich! ... und nebenbei gefragt: Welcher Discounter fällt Ihnen ein, der in neue Projekte, neue Geschäftsfelder und wirkliche Innovationen investiert? Mir auf die Schnelle keiner!

Gewinne sind letztlich die einzige harte Währung im Wirtschaftsspiel – so unpopulär das in den Ohren vieler auch klingen mag.

Die Wachstumsstory ist oft
auch nur eine Story

In der Startphase eines Unternehmens, in der es erst einmal wichtig ist, Fahrt aufzunehmen, die Kunden zu gewinnen und Geld in die Kassen zu spülen, wird bisweilen bewusst, als Teil der Strategie, darauf verzichtet, Deckungsbeiträge zu erzielen. Hier gar an Gewinne zu denken, wird oft als geradezu schamlos empfunden. Wachstum lautet die Devise. Marktanteile erkämpfen und die Kundenbasis vergrößern. Und wenn die Strategie gut durchdacht ist, kann das durchaus Sinn machen. Gewisse Geschäftsmodelle rechnen sich eben erst ab einer bestimmten Größenordnung. Dafür steigen nach dem Überschreiten der Gewinnschwelle die Erträge bisweilen fast explosionsartig. Rein rechnerisch zumindest.

Doch wie lange kann oder sollte diese gewinnlose Wachstumsphase dauern? Lange. Sehr lange. Zu lange manchmal. Unternehmen von Weltruhm, börsennotiert und mit hohen Milliardenbeträgen bewertet, hängen bisweilen immer noch in der Wachstumsstory fest. Ein Jahrzehnt oder mehr nach ihrer Gründung. *Twitter* etwa, der Microblogging-Dienst, wurde 2006 gegründet und hat in den ersten Jahren eine tolle Wachstumsstory geschrieben. Zurzeit gibt es etwa 300 Millionen aktiver monatlicher Nutzer weltweit und die Marktkapitalisierung beträgt etwa 11 Mrd. USD (Stand April 2016). Einzig Gewinn wurde bislang keiner erzielt. Spannend an der Story ist, dass man – so heißt es gerüchteweise – erst ein paar Jahre nach Gründung begonnen hat darüber nachzudenken, wie man mit dem Unternehmen überhaupt so etwas wie Einnahmen (da sprechen wir noch nicht von Gewinn) erzielen könnte. Offenbar wird immer noch gedacht und Gewinn ist nicht in Sicht. Der Börsenkurs spiegelt die Situation inzwischen deutlich wieder. Auch die beste Wachstumsstory läuft sich irgendwann tot. Irgendwann ist der Zeitpunkt da, an dem sie keiner mehr glaubt.

Twitter ist zwar sehr prominentes Beispiel, aber kein Einzelfall. Zu Zeiten des Dotcom-Booms um die Jahrtausendwende war eine wichtige Unternehmenskennzahl, die deutlich mehr Aufmerksamkeit erhielt als banale Deckungsbeiträge und altmodische Gewinne, die sogenannte »Cash Burn Rate«. Sieger war, wer das Geld der Investoren am schnellsten in heiße Luft auflösen konnte. Das Ergebnis dieser grotesken Übertreibung ist bekannt. Heute blicken wir auf diese Phase zurück und wundern uns, wie man so dumm sein konnte (wobei »man« natürlich die anderen waren). Wir halten uns für reifer, erfahrener und haben etwas gelernt. Wirklich? Die Geschichte zeigt, dass wir selten wirklich etwas aus solchen Ereignissen lernen. Was haben wir aus der Krise 2008 tatsächlich gelernt? Hat sich die Finanzwelt grundlegend geändert? Wurden die Regeln so erneuert, dass so etwas in Zukunft nicht mehr passieren kann? Als Antwort auf diese Frage gibt es einige sehr spannender, gut recherchierter Dokumentationen bzw. Filme. Aber das ist eine ganz andere Baustelle.

Kapitel 6: Stell dir vor, es ist Krieg und keiner geht hin

Kriege kennen nur Verlierer

Ein Krieg, welcher Art auch immer, ist etwas Furchtbares. Ein Krieg kennt letztendlich nur Verlierer. Selbst der vermeintliche Gewinner hat oft hohe Einbußen zu beklagen. Bei einem Preiskampf oder, noch schlimmer, einem Preiskrieg, wie er in vielen Branchen tobt, verhält es sich ebenso. Auch der Gewinner verliert oft in einem Preiskrieg. Deckungsbeiträge und Gewinn. Durch Preiskämpfe werden Preise nach unten geschraubt, bisweilen in einer fast endlos erscheinenden Spirale. Unternehmen werden dabei oft wirklich kreativ, was das Erreichen neuer, besonders tiefer Preisniveaus angeht. Das zeigt bisweilen, was möglich ist, wenn der Druck groß ist. Wenn es sein muss. Nur ist diese Kreativität für das falsche Ziel eingesetzt. Das Ergebnis ist trotzdem nicht erstrebenswert, denn der Deckungsbeitrag ist minimal manchmal sogar negativ. Und ist der Preis erst einmal am Boden, ist es sehr schwer bis unmöglich, diesen wieder auf wirtschaftlich vernünftige Höhen zu befördern.

Doch es muss nicht immer ein Krieg sein, im Kleinen spielt sich das ebenso ab. Bei jedem einzelnen Projekt, bei dem man im B2B-Bereich gegen einen oder mehrere Mitbewerber bietet. Bei jedem Produkt, das man als Einzelhändler preislich gegen andere Geschäfte, online wie offline, positioniert. Wenn der Preis zu sehr im Mittelpunkt steht, ist das Ergebnis immer dasselbe: Die Preise sinken, die Gewinne verschwinden und am Ende verlieren alle.

Wo finden Kriege statt?

Doch es scheint Unterschiede zu geben. Nicht in allen Branchen und Geschäftsfeldern steht der Preis so sehr im Mittelpunkt, dass um Preise verhandelt wird, geschweige denn, dass Preiskriege ausbrechen. Genau genommen müssen wir die beiden Begriffe – Preiskrieg und Preisverhandlung – aber trennen. Beide führen dazu, dass die Deckungsbeiträge geringer werden und die Gewinne schwinden.

Der Preiskrieg – die Schlacht der Egos

Bei Kriegen treffen die Heere der Kontrahenten oft in der Öffentlichkeit unter starker medialer Aufmerksamkeit aufeinander. Sie entwickeln eine starke Eigendynamik und sind – sobald sie einmal voll im Gange sind – nicht mehr so einfach zu stoppen. Es wird auf allen Fronten gekämpft. Bis zum letzten Euro, wenn es sein muss. Nicht der Gewinn, sondern das Gewinnen steht bei Preiskriegen im Vordergrund. Wenn der Gewinn im Vordergrund stünde, würden die meisten Preiskriege nicht stattfinden. Es geht vielmehr um Umsätze (wieder einmal), um Marktanteile, um die Position des Marktführers, darum Erster zu sein, um Wachstum, wenn auch ohne Substanz und immer wieder wohl auch um die viel zu groß geratenen Egos der beteiligten Führungskräfte oder Verkäufer. Rational betrachtet machen die meisten Preiskriege wenig Sinn. Die sicheren, schmerzvollen, bisweilen verheerenden Verluste werden kaum durch die möglichen, aber höchst ungewissen Gewinne, die den Beteiligten winken, aufgewogen. Preiskriege folgen einer eigenen, oft emotionsgetriebenen Dynamik fernab wirtschaftlicher Rationalität. Ziel ist es, den Gegner zu vernichten, um dann das gesamte Feld möglichst allein beackern zu können. Dabei wird aber viel verbrannte Erde hinterlassen. Die Preise sind am Boden. Ob und wie schnell man diese wieder auf ein wirtschaftlich sinnvolles Niveau heben kann, ist fraglich. Denn die Kunden wissen jetzt, was in Bezug auf die Preise möglich ist. Senken ist immer einfacher als erhöhen.

Das Klima, das Kriege entstehen lässt

Aber wodurch entstehen Preiskriege? Gibt es Rahmenbedingungen, die diese begünstigen? Neben einzelnen Führungskräften, die solche per Befehl auslösen können, weil sie Marktanteils- und Umsatzziele über Deckungsbeiträge und Gewinne stellen, gibt es gewisse Marktkonstellationen, die neue Mitbewerber anziehen wie ein Stück gut abgehangenes Fleisch die Fliegen. Wenn sich eine Branche als saftig durchzogenes, fettes Steak auf dem Servierteller präsentiert, darf sich niemand wundern, wenn Räuber angelockt werden, um sich dieses Steak zu braten.

Es gibt Branchen, die sich dadurch auszeichnen, dass sich über Jahre oder sogar Jahrzehnte nichts Wesentliches verändert. Allen Beteiligten geht es gut, das Geschäft ist profitabel. Jeder erhält sein traditionelles Stück vom Kuchen. Daran wird nicht gerüttelt. Niemand in der Branche würde auf die dumme Idee kommen, das Gleichgewicht zu stören. Zu viel hat man zu verlieren. Jemand, der allerdings die Branche von außen betrachtet und ein paar Berechnungen anstellt, könnte entdecken, dass viel Fett angesetzt wurde, das er in bare Münze verwandeln könnte. Er hat ja nichts zu verlieren, denn er hat noch kein einziges Stück vom Kuchen. Und dann gibt es verschiedene Möglichkeiten, in diese Branche einzubrechen. Angesichts der oft satten Margen und Gewinne in einer solchen Branche ist der Weg, über aggressive Preise den Markt aufzurollen, ein oft naheliegender und sehr schneller. Vor allem dann, wenn der schnelle Marktanteilsgewinn über langfristig stabile Erträge gestellt wird.

Preiskriegs-Biotop Personentransport

Gerade im Bereich Personentransport scheinen die Rahmenbedingungen ideal zu sein, um Preiskämpfe bzw. -kriege entstehen zu lassen. Zwei Beispiele dafür sind das Taxigewerbe, das von *Uber* aufgemischt wird, und der Preiskrieg zwischen den Fernbussen und der *Deutschen Bahn* [★], der seit Jahren tobt.

Das Taxigewerbe. Supertraditionell mit einem Geschäftsmodell, das seit ewigen Zeiten unverändert ist. Seit einigen Jahren wird es von Taxi-Apps wie »Uber« oder »my Taxi« scharf attackiert und förmlich überrollt. Die Taxizunft bemüht sich, den neuen preisaggressiven Mitbewerbern durch Klagen Einhalt zu gebieten. Doch das verschafft nur kurzfristige Verschnaufpausen. Das eigentliche Problem kann auf rechtlichem Weg nicht gelöst werden: Trägheit tief in der Komfortzone (etliche Taxianbieter entsprechen dem Bild der weiter vorne im Buch beschriebenen »Zombies«), jahrelange Innovationslosigkeit speziell im Hinblick auf neue Technologien und das vollkommene Fehlen von Ideen, was man gegen die neue, preislich aggressive und sehr aktive Konkurrenz unternehmen könnte.

Dabei gäbe es viele Möglichkeiten, im Servicebereich zu punkten, die aber kaum genutzt werden. Die Autos der tra-

ditionellen Taxis sind nicht grundsätzlich besser als die der
Uber-Fahrer, die Taxifahrer generell sind nicht für ihre über-
dimensionale Freundlichkeit bekannt und die Fahrt im klassischen Taxi ist kaum jemandem je als erinnerungswürdiges
Serviceerlebnis im Gedächtnis geblieben. Schade eigentlich,
wo es so viele Möglichkeiten gegeben hätte und immer noch
gibt, diese Dienstleistung wertvoller zu machen. Es zeigt
sich wieder: Das Fehlen von echter Konkurrenz – und damit
meine ich nicht Mitbewerber, die nur billiger sind, sondern
solche, die innovativ und wirklich gut sind – ist langfristig
gar nicht gut für Firmen, Branchen und Märkte.

Auch die *Deutsche Bahn* war bis zum Aufkommen der
Fernbusse nur der traditionellen Konkurrenz durch den
Pkw bzw. das Flugzeug ausgesetzt. Damit hatte die *Deutsche Bahn* gelernt umzugehen. Dagegen hatte sie sich positioniert. Doch die Welle der Fernbusangebote, die mit der
Aufhebung des Verbotes 2013 über Deutschland schwappte,
war doch eine ganz andere Konkurrenz. Resultat: Bahn und
Bus-Unternehmen prügeln sich gegenseitig mit immer bil-
ligeren Preisen. Dazu berichtet *Focus Money* im Juli 2017,
dass beim aktuellen Marktführer *Flixbus* die Partner-Bus-
unternehmen abspringen, weil der Preisdruck zu groß und
zu andauernd ist. Man fährt – im barsten Sinne des Wortes – mit steigenden Umsätzen steigende Verluste ein. Betriebswirtschaftlich betrachtet kein gutes Konzept. Der
Preisdruck verursacht nach Aussagen der Busunternehmen
überdies erhebliche Probleme bei Qualität und Personal.

Die Preisverhandlung – das Duell

Preisverhandlungen sind Duelle, die zwischen zwei Partei-
en ausgetragen werden. Wenngleich Kunde und Verkäufer
oft im Sinne des gemeinsamen Geschäftes im gleichen Boot
sitzen und in dieselbe Richtung rudern (eine Situation, die

besonders auf B2B-Lieferantenbeziehungen zutrifft), gibt es beim Preis dennoch – bei aller sonstigen Liebe – unterschiedliche Zielsetzungen. Klar: Der eine will möglichst viel erhalten, der andere möglichst wenig bezahlen und irgendwo in diesem Spektrum gibt es einen Punkt, an dem sich ein gewisses erträgliches Gleichgewicht finden könnte. Manchmal klappt das, manchmal nicht.

Solche Duelle sind weit weniger verheerend als Preiskriege. Es geht um einen Kunden, ein Projekt, ein Angebot. Und dennoch können diese Duelle saftige Stücke aus dem Gewinnkuchen herausschneiden, wenn nicht entsprechende Vorkehrungen getroffen werden. Denn diese Duelle wiederholen sich typischerweise. Derselbe Verkäufer gibt vielleicht beim nächsten Kunden mehr Rabatt als nötig. Ein günstigerer Preis, der in einigen wenigen Fällen eingeräumt wurde, spricht sich auf Branchenkanälen herum und verbreitet sich wie die Pest im Mittelalter. »Wehret den Anfängen!« wie man so schön sagt.

Interessanterweise gibt es Branchen bzw. Produkte oder Dienstleistungen in bzw. bei denen quasi immer preisverhandelt wird und auch solche, wo niemand je auf die Idee kommen würde, nach einem besseren Preis zu fragen.

■ *Preise werden dort verhandelt, wo es sich bezahlt macht.* Natürlich rechnet sich der Aufwand der Preisverhandlung beim Kauf eines T-Shirts um 10 Euro kaum, beim Autokauf sehr wohl. Branchen, wo die absoluten Preise bzw. Auftragsgrößen niedrig sind, sind weniger anfällig für Preisverhandlungen.

■ *Preise werden dort verhandelt, wo es Tradition hat.* Wenngleich ich selbst noch nicht das Vergnügen hatte, glaube ich, dass ich beim Schönheitschirurgen nicht nach einem Rabatt fragen würde, wenngleich es um eine hochpreisige Dienstleistung geht. Auch im örtlichen Supermarkt meiner Wahl nicht, obwohl wir pro Jahr sicher mehr als 6.000 Euro dort lassen. (Unter uns gesagt wäre das auch absolut überflüssig, da wir dort ohnehin mit einer unübersichtlichen Flut von Rabatten zugeschüttet werden.) Das ist mehr als beim Autohändler, aber dort wiederum kauft absolut niemand einen Neuwagen zum Listenpreis. Manche Kunden betreten das Geschäft und fragen als Erstes nach dem Rabatt. Den Preis kennen sie schon. Aus dem Internet oder von den drei Händlern, bei denen sie vorher mit derselben Frage vorstellig geworden waren. Auch der Ort oder das Ambiente sind mitentscheidend. Einkaufsstraße und (Floh)-Markt triggern ein grundsätzlich unterschiedliches Verhalten bei den Konsumenten. Luxuseinkaufstempel können bisweilen ein wenig ehrfurchteinflößend sein und manche Kunden (aber sicher nicht alle) davon abhalten, nach einem Rabatt zu fragen. Das heißt aber ganz und gar nicht, dass dort keiner zu bekommen wäre. In Restaurants wäre ich auf solches Verhalten noch nie gestoßen. Weder in billigen noch in edlen.

■ *Preise werden dort verhandelt, wo es viel Mitbewerb gibt.* Überall, wo der Kunde aus vielen Anbieter wählen kann, wird häufiger und intensiver preisverhandelt. In Märkten, in denen sich viele Anbieter gegenseitig auf den Zehen stehen, braucht es oft nicht einmal den Kunden zur Preisverhandlung. Die Anbieter verhandeln sich medial gegenseitig ganz von selbst herunter.

■ *Preise werden dort verhandelt, wo es große Spielräume gibt.* Gerne werden Preise in Branchen verhandelt, wo die Verkäufer oder Unternehmer relativ große Spielräume in Form von Margen und Deckungsbeiträgen haben. Auch wenn der Kunde das vielleicht nicht weiß, der Verkäufer weiß es und signalisiert das bisweilen, ohne es zu wollen natürlich, dem Kunden. Klarerweise wird dort, wo die Margen eng sind, automatisch härter um Euros und Cents verhandelt. Geht doch.

■ *Preise werden dort verhandelt, wo sonstige Unterscheidungsmerkmale fehlen.* Vor allem werden Preise aber dort verhandelt, wo der Kunde keine sonstigen Unterscheidungsmerkmale zwischen gar nicht so verschiedenen Anbietern und sehr ähnlichen und manchmal sogar exakt gleichen Angeboten hat.

Anbieter zwingen Kunden zu Preisverhandlungen

Besonders herausfordernd ist die Ausgangssituation daher im Handel, wo oft ein und dasselbe (Marken-)Produkt von vielen Händlern angeboten wird. Und obwohl das von der (gehobenen) Markenartikelindustrie zwar im Normalfall (im Hinblick auf das Image der Marke) weder gewünscht noch begünstigt wird, sieht immer wieder der eine oder andere Händler sein Heil in der Flucht in den niedrigeren Preis. Da können sich vereinzelte Preisverhandlungen oder -aktionen auch zu Preiskriegen auswachsen.

Aus Kundensicht ist das allerdings mehr als verständlich. Wenn Sie einen Neuwagen kaufen wollen und sich für Marke, Modell, Motorisierung etc. entschieden haben, können Sie dieses Fahrzeug bei jedem Händler dieser Marke erwerben. Und wenn es der Händler nicht schafft, sich vom nächsten Händler wirklich zu unterscheiden, seine Leistung wertvoller zu machen und so das Kernprodukt aufzuwerten, ist der Kunde förmlich gezwungen, sich nach dem Preis zu richten. Doch es geht. Aus meiner Zeit als Marketingleiter eines großen Automobilkonzerns weiß ich, dass Preisunterschiede bei Händlern von bis zu 2% durch andere Unterscheidungsmerkmale (Service, Kundenbeziehung etc.) kompensiert werden können. Und 2% bedeuten für manche Händler den Unterschied zwischen Leben und Tod.

Stell dir vor, es ist Krieg und keiner geht hin

Wie können Deckungsbeitragsverluste durch Preisduelle und die Vernichtung der Erträge durch desaströse Preiskriege vermieden werden? Die einfachste und naheliegendeste Variante, Preisabsprachen und -vereinbarungen der Mitbewerber sind ja – zurecht – strengstens verboten und werden auch wirklich sehr schmerzvoll bestraft. Andere Antworten auf diese Frage hängen wieder ein wenig mit der Entwicklungsstufe zusammen, auf der sich das jeweilige Unternehmen befindet. Zombies würden möglicherweise gar nicht mitkriegen, wie viel der Mitbewerb so verlangt bzw. keine Reaktion darauf zeigen. Preisspieler würden selbst noch billigere Angebote auf den Markt schmeißen und Öl ins Feuer des Preiskrieges gießen. Die Antwort der Optimierer lautet üblicherweise, diese Duelle oder gar Kriege mit leistungsfähigeren Waffen und geschickteren Taktiken zu führen. Ganz gemäß ihrem Motto »Wir sind besser!« sind sie auch dabei besser. Verkäufer werden in Trainings geschult, wie sie in Verkaufsgesprächen und Preisverhandlungen einen höheren Preis durchsetzen können. Und ja, das kann den ein oder anderen Prozentpunkt mehr Deckungsbeitrag bringen. Das wiederum kann sich – wie Sie vorher anhand des Rechenbeispiels gesehen haben – am Ende des Jahres zu stolzen Summen addieren. Kostenstrukturen werden bis zum Skelett abgemagert, um möglichst viel Pulver zu haben, um trotz hohen Preisdrucks und sinkender Preise immer noch etwas zu verdienen.

Doch die wirklich interessante und profitable Lösung ist oft nicht die der Optimierer. Diejenigen, die es schaffen, ganz andere Wege zu beschreiten und Preiskriegen und Duellen großräumig auszuweichen, sind die wirklichen, die großen Gewinner in diesem Spiel. »Stell dir vor, es ist Krieg und keiner geht hin!«, lautet die Devise, nach denen oft Regelbrecher und noch vielmehr Gamechanger agieren.

Auf diese Weise kommt auch das Ego nicht zu kurz. Einen komplett neuen Weg zu beschreiten und in Dimensionen vorzudringen, die noch nie ein Mensch zuvor gesehen hat, bringt, wenn es gelingt, und interessanterweise auch manchmal, wenn es nicht gelingt, allemal mehr Ruhm, als in einem ruinösen Preiskrieg zu obsiegen.

Die Basisstrategie gegen Preiswettbewerb

Statt mit den klassischen Waffen der Optimierer zu kämpfen oder einfach nur nicht durchdachte und kurzsichtige Rabattaktionen wie die der Preisspieler umzusetzen, gibt es deutlich wirksamere Strategien und Vorgehensweisen, die auf diese neuen Wege und in diese unerschlossenen Territorien führen können. Regelbrecher und Gamechanger wenden diese üblicherweise an. Die Basisstrategie gegen Preiswettkämpfe ist eine dreiteilige: vermeiden, unterscheiden, aufwerten. In dieser Sequenz beschritten ist es eine Strategie, die viel für die Weiterentwicklung Ihres Unternehmens Richtung Regelbrecher und Gamechanger, und damit verbunden auch viel für Ihren Ertrag, tun kann.

Basisstrategie 1 – Vermeiden

Die erste, beinahe banal anmutende Strategie lautet – vermeiden. Einfach nicht mitmachen und die Gegenden, wo die bösen bzw. die ganz großen Jungs spielen (die sich das Spiel zumindest eine Zeit lang leisten können) nicht betreten, wenn man selbst nicht dazugehören möchte oder sich das nicht leisten kann. Vermeiden Sie Branchen, die von Preiskämpfen versaut sind. Vermeiden Sie Vertriebswege, in denen die Spannen sehr knapp sind. Vermeiden Sie Produkte, die hundert andere im Umkreis ebenfalls führen. Weichen Sie Gegenden, wo es so viele Mitbewerber gibt, dass diese – ob sie wollen oder nicht – permanenten Körperkontakt haben, großräumig aus. Braucht es wirklich den 101. Immobilienmakler am Ort? Den zehnten Friseur? Brauchen wir noch einen Mobilfunkanbieter? Haben wir nicht schon viel zu viele Finanzdienstleister, die sich nicht nur um Kunden, sondern viel mehr noch (so habe ich den Eindruck), um neue Vertriebsmitarbeiter prügeln?

Sie müssen nicht jede Einladung zum Duell – seitens des Mitbewerbs oder des Kunden – annehmen. Ein klares und selbstbewusstes *Nein* (lesen Sie dazu auch den Beitrag »Nein – das profitabelste Wort der Welt« [★]) ist bisweilen wesentlich profitabler als viele *Ja*, die bereits im Moment, da das Wort den Mund verlassen hat, Bauchschmerzen verursachen. Sie wissen, was folgt. Sie wissen, was das Ja mit sich bringt. Sie wissen, dass der bevorstehende Weg ein harter, schmerzvoller wird und der neue Kunde ein mühsamer und wenig profitabler. Sagen Sie daher Nein zu Kunden und zu Aufträgen, die Ihnen schon im Vorfeld Unwohlsein verursachen. Hören Sie auf Ihr Bauchgefühl, statt begierig auf die Umsatzzahlen zu blicken, die immer wieder den Verstand vernebeln und uns nicht mehr klar denken lassen.

Denken und rechnen Sie, bevor Sie handeln. Können Sie es sich wirklich leisten, mit professionellen Discountern in Preiswettbewerb zu treten? Und, noch wichtiger: Wollen Sie sich das wirklich antun? Das permanente Wettrennen, das Tag für Tag nur durch Hundertstelsekunden bzw. Centbeträge entschieden wird, könnte Ihnen die wohlverdiente Nachtruhe rauben.

Doch, »vermeiden und ausweichen«, klingt das nicht nach »weglaufen«? Ist das nicht eine Strategie für Feiglinge? Vielleicht könnte man es so sehen. Und natürlich ist es möglich, den Kampf gegen übermächtige oder sehr zahlreiche Gegner aufzunehmen und auch zu gewinnen. Die Erfahrung zeigt ja, dass es Unternehmer und Unternehmen gibt, denen das gelingt. Von diesen Erfolgen lesen wir groß in den Medien. Wer hätte vor ein paar Jahren noch *Tesla* zugetraut, die etablierte Autoindustrie weltweit tatsächlich zu fordern? Wie immer in solchen Fällen wurde der Neuling ignoriert oder bestenfalls milde belächelt. Auch, wenn *Tesla* die Startprobleme noch lange nicht überwunden zu haben scheint, standen die Chancen für *Tesla*, so weit zu kommen wie sie jetzt sind, ungefähr 1: 1.000.000. Und mehr als einmal ist *Tesla* dem drohenden Konkurs nur um Haaresbreite entronnen. Vielleicht auch nicht das letzte Mal. Elon Musk, der Gründer, hat über Jahre hinweg beinahe Übermenschliches geleistet und viel, sehr viel seinem geschäftlichen Erfolg geopfert. Hut ab! Und wenn das Ihr ruhmreicher Weg sein soll, wünsche ich Ihnen, ganz ehrlich, viel Erfolg dabei.

Doch beim genaueren Hinschauen hat *Tesla* durchaus eine Strategie des Vermeidens verfolgt. Und eine des Unterscheidens. *Tesla* hat es vermieden, *GM, BMW* und den Rest der Automobilbranche auf ihrem angestammten Feld zu attackieren. *Tesla* hat die Aktivitäten auf ein neues Spielfeld, das der Elektrofahrzeuge, verlagert. Dieses war weitgehend leer und ist es immer noch. Niemand hat dort ernsthaft gespielt. Ein paar Mitarbeiter aus der Öffentlichkeitsarbeit der etablierten Automobilriesen durften sich in diesem Bereich austoben und einen auf ökologisch machen. So gesehen war es ein einfaches (wenn auch nicht leichtes) Spiel für Tesla.

Wenn Sie also nicht damit leben wollen, ein Feigling zu sein, wie wäre es dann damit, ein schlauer und erfolgreicher Feigling zu sein? Denn das Ausweichen und Vermeiden allein macht wenig Sinn. Die Frage ist: Wohin weichen Sie aus? Was ist die Alternative zu den klassischen Wettkampfstrategien der Preisspieler mit dem Schlachtruf »Wir sind billiger!« bzw. der Optimierer, die »Wir sind besser!« verkünden? Ausweichen und Vermeiden macht nur dann Sinn, wenn Sie genau wissen wohin.

Basisstrategie 2 – Unterscheiden

Wie bereits erwähnt, ist unsere Wirtschaft in weiten Bereichen geprägt von Unterschiedslosigkeit. Ein Friseur gleicht mehr oder weniger dem anderen, fast alle sind wie unser *Hairstyle Müller.* Ein Neuwagen ähnelt dem anderen auf eine frappante Art und Weise. Quasi jede Bank lässt ihren Kunden auf allen Kanälen dieselbe Botschaft mitteilen:»Wir sind die Vertrauenswürdigen, die Zuverlässigen, die Sicheren!« Vor 2008/2009 gab es durchaus noch Teile der Bevölkerung, die diese Botschaften geglaubt haben, oder zumindest das Gegenteil nicht denken wollten, da es ihnen potenziell Panikattacken und schlaflose Nächte verursacht hätte. Seit»der Krise« (die meines Erachtens noch lange nicht ausgestanden ist, sondern deren Symptome nur mit frischer, weißer und sehr teurer Farbe übermalt wurden) klingen solche Botschaften nur mehr lächerlich. Und die Banken wissen das, so hoffe ich zumindest. Nur, was ist die Alternative?

Genau das ist eine sehr gute Frage, die man sich nur ernsthaft und radikal genug stellen muss. Radikal genug gestellt können solche Fragen durchaus spannende Antworten produzieren. Aus meiner Erfahrung sind jene Antworten, die am extremsten erscheinen, die, die am weitesten von der aktuellen Realität entfernt sind, die, welche die meisten und lautesten Proteststimmen erfahrener Branchenkenner auf den Plan rufen, die, die man ganz einfach als absolut lächerlich abtun könnte, die spannendsten. In diese oder besser gesagt in mögliche Antworten darauf, sollten Sie zumindest ein paar Gedanken mehr investieren. Die Geschichte zeigt, dass wirklich große Ideen auf der Welt anfangs ignoriert, lächerlich gemacht, angefeindet und vollkommen unterschätzt wurden. Und natürlich kann es genauso gut sein, dass Sie ein paar Gedanken später draufkommen: Das sieht nicht nur auf den ersten Blick lächerlich aus, sondern das ist auch lächerlich. Wissen, wirklich wissen, werden Sie das aber selten vorab.

Um diesen Weg zu beschreiten, Bestehendes infrage zu stellen und neuen Ideen eine Chance zu geben, braucht es neben Kreativität vor allem Mut, Durchhaltevermögen und ein hohes Frustrationspotenzial. Denn vordergründig wollen Menschen keine Änderungen. Zumindest keine großen. Auch Kunden nicht. Deshalb sieht ja seit Jahrzehnten der jeweils neue VW Golf im Prinzip wie der vorherige aus. Und verkauft sich. Mit Erfolg. Trotz Dieselgate. Das macht Veränderungen so schwierig. Durch Veränderungen riskiert man den Status quo. Das bisher Erreichte. Ganz nach dem Motto:»Lieber den Spatz in der Hand als den Condor am Dach!«... oder so ähnlich. Und selbst wenn das Schiff schon am Sinken ist und bereits Schieflage hat, steht man auf der Brücke immer noch trockenen Fußes. Es gibt Kapitäne, die man zwingen muss, das sinkende Schiff überhaupt zu verlassen. Es könnte ja immer noch klappen mit der»Mehr-vom-selben-Strategie«. Ja, könnte, tut es aber oft nicht. Und wenn wir nur ehrlich genug zu uns selbst sind und bisweilen etwas mutiger und weniger tapfer wären, würden wir das auch erkennen.

»Too big to fail« ist Blödsinn

»Zu groß, um unterzugehen!« sagte man vor einigen Jahren noch über viele der ganz großen Unternehmen. Doch wir wurden eines Besseren belehrt. Auch Titanen können den Weg alles Irdischen gehen. *Lehman Brothers* allen voran. *Enron, GM, Chrysler.* Nur um ein paar Beispiele von Pleiten im Milliardenbereich zu nennen. Etwas kleiner in Zentraleuropa, aber dennoch bemerkenswert: *Escada, Schiesser, Schlecker.*

Besonders lehrreich könnte der Niedergang von *Kodak* sein. Besonders lehrreich deshalb, weil *Kodak* die Digitalfotografie bereits in der Schublade hatte. Man hatte sich aber dafür entschieden, sie bis auf weiteres dort zu lassen, um das angestammte Geschäft der analogen Fotografie nicht zu gefährden. Das war eindeutig zu kurz gedacht. Mitbewerber aus dem Elektronikbereich, die nichts zu verlieren, aber viel zu gewinnen hatten, haben sich dankbar auf diese Innovation gestürzt und Milliarden damit gemacht. Was wir daraus lernen können, ist, dass es besser sein kann, sich selbst Konkurrenz zu machen, bevor es andere tun.

Von Kreativen, Machern und Kritikern

Na gut. Sie sind soweit überzeugt!?»Unterscheiden ist ja gut und schön! Aber wie?«, werde ich häufig in Vorträgen gefragt.»Sei anders«, mutet ein wenig wie das Paradoxon »Sei spontan« an. Wenn das so einfach wäre, würden es vielleicht viel mehr Unternehmen machen.

Damit betreten wir den Bereich der Kreativität (und nein, das hat nicht grundsätzlich etwas mit zeichnen, malen und formen zu tun). Es geht darum, bisweilen alltägliche Vorgänge, Produkte, Prozesse und Strategien zu hinterfragen und dafür neue, andere Lösungen zu finden. Und der schwierigste Teil daran ist oftmals gar nicht der mit den neuen Lösungen, sondern uns selbst zu erlauben, in diese Bereiche überhaupt denken zu dürfen. Allzu schnell melden sich innere und äußere Kritiker zu Wort, die eine Million Gründe dafür haben, dass das auf keinen Fall funktionieren kann. Und wenn das so ist, brauchen wir gar nicht weiter zu denken in diese Richtung. Was diese Kritiker allerdings antreibt und mit Energie versorgt, ist nichts anderes als Angst. Angst vor Veränderung. Angst vor Verlust. Angst, die Komfortzone verlassen zu müssen.

Wenn Sie es schaffen, diese Kritiker zum Schweigen zu bringen, zumindest vorerst, haben Sie bereits sehr viel gewonnen. Sie müssen sie ja nicht ganz mundtot machen, sondern können auch eine Strategie verfolgen, die Walt Disney, so sagt man, sehr erfolgreich mit sich selbst betrieben hat.

Die Disney Strategie

Die Grundidee, wie viele gute Ideen, ist simpel. Die handelnden Akteure sind dieselben und sie brauchen auch all die unterschiedlichen Energien – die des Kreativen, des Machers und des Kritikers – dafür. Der Unterschied liegt einzig in der Reihenfolge. Schritt 1 ist, dass der Kreative Ideen produziert. Im Schritt 2 – und das ist entscheidend – ist nun der Macher dran, der überlegt, wie man diese Ideen umsetzen könnte. Und erst danach, im Schritt 3, darf und soll sich der Kritiker zu Wort melden, um eventuelle Schwachstellen an den Plänen des Machers aufzuzeigen. Der Fehler, der in der Praxis meist gemacht wird, ist der, dass sich der Kritiker in Schritt 2 zu Wort meldet und die Idee bereits als kleines Pflänzchen killt. Der Macher erhält so gar keine Chance, aus der Idee eine Pflanze zu machen, die zumindest potenziell die Chance hätte zu überleben.

Das Prinzip gilt und funktioniert gleichermaßen für innere wie äußere Teams. Sie können diese Strategie in Meetings mit Ihren Mitarbeitern oder Kollegen anwenden wie auch mit Ihrem inneren Team, ganz im Stillen. Denn diese Teile haben wir alle in uns. Von manchen mehr, als uns lieb ist. Während die Kreativen oft zu schweigsam sind, melden sich die Kritiker üblicherweise recht rasch und deutlich zu Wort. »Das geht nicht, weil …! Das kannst du nicht, weil …!«, sind klassische Phrasen der Kritiker. Im Innen wie im Außen. Und nach meiner Beobachtung sind die äußeren Kritiker oft recht harmlos im Vergleich zu den inneren.

Aber anstatt gegen die Kritiker anzukämpfen, sollten Sie deren Energien wertschätzen und willkommen heißen. Sie brauchen diese, um nicht blind, naiv oder ahnungslos in die nächste Falle zu stolpern. Der Kreative kann das nicht. Der Macher hat ebenfalls andere Stärken. Aber der Kritiker, an der richtigen Stelle eingesetzt, kann ein wichtiger Erfolgsfaktor für das Wachstum Ihres Pflänzchens zum großen, starken Baum sein.

Unterscheiden! – Aber wie?

Wenn Sie Ihre Energien erst einmal geordnet haben, kann der Kreative ans Werk gehen und neue, wirklich neue Ideen hervorbringen. Das größte Hindernis für neue Ideen – sind die vorschnellen Kritiker erst einmal überwunden – sind alte Gewohnheiten. Wer nur den dreidimensionalen Raum kennt, für den ist die Zeit etwa als vierte Dimension sehr schwer vorstellbar ... für mich zumindest. Manche meinen, es reicht, dazusitzen und auf eine Eingebung zu warten. Das funktioniert auch ab und an, aber viel zu selten, um darauf zu bauen. Kreatives Denken ist Arbeit, wenngleich diese, vergleichsweise spielerisch umgesetzt, am besten funktioniert. Und dennoch: Struktur und Strategie können dabei sehr hilfreich sein.

Wenn Sie die Literatur der Kreativitätstechniken durchschmökern, werden Sie eine Unzahl verschiedenster Techniken finden, um Ihrer Kreativität auf die Sprünge zu helfen. Alle können, abhängig von Ihrer Person, dem Thema, den Rahmenbedingungen und dem Ziel, durchaus hilfreich sein.

Der Regelbruchgenerator

Speziell wenn es um das strukturierte Auffinden von möglichen Regelbrüchen im Geschäftsleben geht (aus denen sich neue Spielfelder entwickeln können), hat sich die folgende Denkweise – ich bezeichne sie als Regelbruchgenerator – als sehr praktisch erwiesen. Sie besteht aus einer Abfolge von drei Fragen, die erstaunliche Resultate hervorbringen können.

- Wie ist es jetzt?
- Muss das so sein?
- Was sind die Alternativen?

Zuerst gilt es, die grundlegenden, typischen Merkmale eines Produktes oder einer Dienstleistung bzw. die allgemein bekannten und von allen akzeptierten Gesetzmäßigkeiten und Usancen eines Unternehmens oder einer Branche aufzulisten. Am spannendsten sind dabei oft die in Stein gemeißelten Punkte. Machen Sie eine Bestandsaufnahme. In einem zweiten Schritt stellen Sie zu jedem der Punkte die Frage: »Muss das so sein?« Muss eine Versicherung das Risiko tragen? Muss ein Friseur Haare schneiden? Muss ein öffentliches Verkehrsmittel einen Fahrplan haben? Und Sie werden feststellen, wenn Sie den Kritiker wie vorhin beschrieben vorerst ein wenig zügeln, wird die Antwort in den allermeisten Fällen »Nein!« lauten. Es gibt ganz wenig auf dieser Erde, von naturwissenschaftlichen Gesetzmäßigkeiten einmal abgesehen, das so sein muss, wie es ist. Vieles ist so, weil es so ist, weil es immer schon so war, weil es sich im Lauf der Zeit so entwickelt hat. Und keiner hat je auch nur eine Sekunde darüber nachgedacht, ob das so sein muss. Alle haben es als gegeben akzeptiert, weil es funktioniert.

Der dritte und letzte Schritt ist jener, Alternativen zu suchen. Wenn es nicht so sein muss, kann es ja auch anders sein. Und rein theoretisch, oft noch fernab von jeder praktikablen Lösung, wie könnte es denn sein? In der Phase –

wir sind immer noch ganz beim Kreativen – gilt es möglichst viele, möglichst unterschiedliche Alternativen zu finden. Dabei einen Blick über die eigene Gartenmauer zu werfen und sich Vorgehensweisen und Ideen ganz anderer Branchen, Bereiche oder Länder abzukupfern, finde ich besonders spannend und oftmals zielführend. Als »intelligent stehlen« bezeichne ich diese Vorgehensweise, bei der statt »copy – paste« der Kreativprozess um einen wesentlichen Schritt auf »copy – adapt – paste« erweitert wird.

Was können die Kleinen von den Großen etwa lernen? Eine Obstverkäuferin vom Online-Riesen Amazon wie in diesem Fall hier. Details zu der Geschichte hinter dem Bild finden Sie im Beitrag: »Querdenken – Mach es wie Amazon.« [★]

Abb. 3: Obstverkäuferin

Ein Fahrrad, viele Ideen

Lassen Sie uns den Gedankengang am Beispiel eines Fahrrades durchspielen. Was sind die grundlegenden Merkmale eines Fahrrades? Es hat üblicherweise zwei Räder, einen Sattel, einen Lenker, wird durch Muskelkraft betrieben, indem man in die Pedale tritt, ist aus Metall und es wird verkauft, um nur die paar wesentlichsten Fakten zu nennen. Wenn wir uns jetzt die Frage »Muss das so sein?« stellen, würde die Antwort auf alle Punkte ein klares Nein sein.

Und jetzt können wir uns daranmachen, für jeden einzelnen Punkt Alternativen zu produzieren. Es kann statt zwei auch drei, vier oder mehr Räder haben und statt zu sitzen, könnte man stehen, liegen (am Bauch oder auf dem Rücken), knien, hocken oder drinhängen. Den Lenker könnte man durch ein Lenkrad, einen Steuerknüppel oder auch durch zwei elektronische Taster für links und rechts ersetzen. Der Lenker könnte überhaupt weggelassen und das Fahrrad durch Gewichtsverlagerung gelenkt werden, wie wir es als Kinder beim Freihändig-Fahren gemacht haben. Anstelle der Muskelkraft können wir unser Fahrrad elektrisch betreiben, mit einem Benzinmotor (wenngleich es dann ein Motorrad wäre), per Sonnenenergie oder mit einem Windsegel. Wir könnten es von einem sportlichen Zeitgenossen ziehen lassen. Anstelle des Metalls kämen Holz, Kunststoff, Fiberglas, Carbon, hartgepresste Pappe oder Glas infrage. Und was unser Preismodell angeht, können wir unser Rad anstatt es zu verkaufen z.B. vermieten, gratis verleihen, verschenken oder verleasen.

Während Sie den letzten Absatz gelesen haben, werden Ihnen schon ein paar Produkte dazu eingefallen sein. Falls nicht, tut es mir leid, Ihnen sagen zu müssen, dass etliche unserer Ideen bereits von schnelleren Unternehmern oder Unternehmen umgesetzt wurden. Elektro- und Liegefahrräder, Fahrräder aus Holz oder anderen Materialien und solche ohne Sitz zum Stehen sind bereits, teilweise sehr erfolgreich, au dem Markt. In den Großstädten sind bereits immer mehr Miet- bzw. Leihfahrräder anzutreffen. Die Kombination elektrisch, stehend und ohne Lenker gibt es bereits, sie nennt sich Segway (wobei sich die Frage stellt, ob das noch ein Fahrrad ist). Wie sich zeigt, können durch solche Überlegungen neue Kategorien entstehen. Diese haben den Vorteil, dass Vergleiche, insbesondere Preisvergleiche, zu den Produkten in den herkömmlichen Kategorien hinken bzw. gar nicht möglich sind. Solche Situationen lassen oft Raum für höhere Margen. Eine Zeitlang zumindest.

Aber genauso könnten solche Ideen, anders zu sein, entstehen bzw. entstanden sein. Weiters würden wir wahrscheinlich nach längerem Nachdenken feststellen, dass einige der Alternativen technisch bzw. wirtschaftlich betrachtet nicht realisierbar oder sogar vollkommen sinnlos sind. Macht gar nichts, solange es ausreichend andere Alternativen gibt.

Aber, wenn Sie das mit Ihren Themen, Produkten, Dienstleistungen, Prozessen und Strategien durchdenken, verspreche ich Ihnen, dass es noch ausreichend unentdecktes Potenzial an neuen Ideen gibt, die nur darauf warten, von Ihnen realisiert zu werden. Und wenn Sie diese gefunden und nach wirtschaftlichen bzw. technischen Machbarkeitskriterien bewertet haben, müssen Sie sie nur noch umsetzen.

Natürlich kann eines dieser Kriterien auch der Preis sein. Sie könnten bei der Analyse feststellen, dass das Preisniveau einer Branche oder eines Produktbereiches sehr hoch ist und eine gut gangbare Alternative auf einem niedrigeren Preis beruht. Das ist der Weg, den viele Online-Vermarkter beschreiten. Diese orten im Vergleich zum traditionellen stationären Handel Einsparungspotenzial, das sie in Form knapper Margen und niedriger Preise an den Kunden weitergeben wollen, und fokussieren sich auf den niedrigeren Preis. Natürlich kann das funktionieren, das ist aber nicht Schwerpunktthema dieses Buches.

Reale vs. virtuelle Differenzierung

Dieses Anderssein, diese Differenzierung zum Mitbewerb muss aber nicht auf das Reale, das Anfassbare beschränkt sein. Im physischen Bereich können auch Standorte, Räumlichkeiten, Mitarbeiter, Bekleidungsvorschriften, Arbeitszeiten und eine Unzahl weiterer Kriterien in die Differenzierungsstrategie mit einbezogen werden. *Hooters* [★], eine US-amerikanische Restaurantkette, ist mehr für die Attraktivität ihrer kurvigen und knapp bekleideten Mitarbeiterinnen bekannt als für die Qualität ihrer Speisen. Was servieren die nochmal? Buchstäblich alles kann dazu verwendet werden, sich vom Mitbewerb zu unterscheiden ... wenngleich nicht alles gleichermaßen Sinn macht.

Die Botschaft lautet daher nicht: »Stecken Sie Ihre Mitarbeiter in Arbeitskleidung, die viel nackte Haut zeigt!« Ich stelle mir dazu gerade eine Bankfiliale vor, aber das Bild will ich Ihnen lieber doch vorenthalten.

Im virtuellen, nicht physischen Bereich kann sich die Differenzierung neben Prozessen und Vorgehensweisen auch auf Botschaften in der Kommunikation mit den Kunden und der Öffentlichkeit beziehen. So können zwei Unternehmen zwar exakt dasselbe Produkt anbieten, aber dennoch recht unterschiedlich wahrgenommen werden und auch zu sehr unterschiedlichen Preisen verkaufen. Das bekannteste Unterscheidungsmerkmal im virtuellen Bereich ist die Marke, die durch die geschickte Kombination vieler Unterscheidungsmerkmale über längere Zeit entstanden ist. Im Markenlogo sind symbolhaft alle Unterscheidungsmerkmale auf einen Punkt gebracht. Und genau deshalb sind wir bereit, für Marken mehr zu bezahlen. Marken haben es geschafft, uns zu verkaufen, dass sie anders sind. Oder vielmehr noch, dass wir anders sind, wenn wir sie kaufen und verwenden.

Das funktioniert gut. Sehr gut sogar. Das funktioniert sogar so gut, dass wir sogar dann bereit sind, für das Markenprodukt mehr zu bezahlen, wenn wir wissen, dass das

No-name-Produkt zu 100% dasselbe ist wie das Markenprodukt, selbst wenn es aus derselben Fabrik, von derselben Maschine, vom selben Mitarbeiter stammt. Zwecks Bedienung unterschiedlicher Vertriebskanäle, ohne die Marke durch interne Preiskonkurrenz zu gefährden, ist es eine verbreitete Strategie von Markenherstellern, dieselben Produkte, nur ohne Markenlogo eben für einzelne Kunden zu produzieren, die diese dann billiger verkaufen können. Das bedeutet nicht, dass Kunden, die das wissen, deshalb immer zum No-name-Produkt greifen. Irrational? Nur scheinbar. Rationalität ist ein vielschichtiges und bisweilen hintergründiges Konstrukt.

Was wir mit der Differenzierung erreichen wollen, ist aufzufallen, sinnvoll und nutzenbringend hervorzustechen aus der Vielzahl anderer Angebote. Und wenn das wie bei *Hooters* mit den Kurven der Servierkräfte funktioniert, sei es drum.

Doch um bei all dem Streben anders zu sein, halte ich einen Risikohinweis an dieser Stelle für angebracht. Anders sein allein ist nur die halbe Miete. Ziel ist es, sinnvoll und nutzbringend anders zu sein. Die Differenzierung muss am Kundennutzen ausgerichtet sein. Sie muss für den Kunden irgendeine Art Vorteil bringen. Dieser wird nicht immer offenkundig sein. Bisweilen sind die tatsächlichen Kundennutzen ganz andere als die scheinbaren, die vordergründigen. Ein Pkw der Premium-Klasse mit 250 PS bietet natürlich eine Menge Sicherheit z.B., was das Überholen auf Landstraßen angeht. Da muss man schließlich schnell vorbei sein. Mit Prestige, wie oft unterstellt wird, hat das natürlich gar nichts zu tun. Und was die Damen bei *Hooters* angeht ... da mag jeder selbst seinen Nutzen finden.

Jetzt haben wir einen Unterschied gefunden, der auch für die Kunden einen Unterschied macht. Was nun? Dieser Umstand allein kann schon eine Wertsteigerung im Kopf des Kunden bewirken, sodass wir dafür einen höheren Preis erzielen können, wenn Sie sich an das Konzept der Preis/Wert-Waage erinnern. Ziel der Basisstrategie 3 »Aufwerten« ist es, den Wert systematisch weiter zu steigern, um den maximal möglichen Preis zu erzielen. Wie viel Mehrwert erzielt *Hooters* wohl wegen der kurvigen Kellnerinnen? Kann dieser gar in Relation zu den Körpermaßen gesetzt werden? (Sobald ich eine Antwort auf diese äußerst spannende Frage habe, werde ich Ihnen natürlich davon berichten.)

Im Vergleich zum Preissenken ist das Erhöhen des Wertes eine viel komplexere, umfassendere und dadurch spannendere Aufgabe, zumindest für alle Unternehmen und Unternehmer, die Herausforderungen schätzen. So komplex, dass manche schon vorab das Handtuch werfen und sich mit Preisreduktionen begnügen, um den Umsatz anzukurbeln. Zum nachhaltigen Erhöhen des Wertes in den Köpfen Ihrer Kunden brauchen Sie üblicherweise mehr Zeit. Es dauert länger, hält aber dafür auch länger und ist widerstandfähiger gegenüber Veränderungen verschiedenster Umweltbedingungen. Preiskäufer sind hochgradig illoyal und reagieren sensibel auf Preiserhöhungen, während Wertkäufer eine deutlich höhere Loyalität aufweisen. Wer wegen des Preises kommt, geht auch wegen des Preises.

Kapitel 7: Der Preis – nur die Spitze der Pyramide

Wie Wert entsteht

Der Wert ist, wie gesagt, eine vielschichtige und sehr persönliche und individuelle Angelegenheit und wird von einer Vielzahl von Faktoren beeinflusst. Das, was als Wert wahrgenommen wird (und damit auch der Preis, der bei diesem Wert erzielbar ist), ist nur die Spitze der sogenannten Wertpyramide.

Diese setzt sich aus der Gesamtheit der Faktoren, den einzelnen Ebenen der Pyramide, zusammen, die man benötigt, um einen hohen Wert in den Köpfen der Kunden zu manifestieren und damit ein entsprechendes Ergebnis in Form von Gewinnen, Deckungsbeiträgen, hohen Preisen und Honoraren zu erzielen. Dieser schlägt sich dann in einem entsprechend hohen Preis, hohen Honoraren, hohen Umsätzen, Deckungsbeiträgen und Gewinnen wieder – je nachdem, welche Kennzahl Sie bevorzugen. Damit eine Wertpyramide stabil steht und lange Zeit überdauern und möglichst hoch werden kann, ist es notwendig, dass alle Ebenen von der Basis bis zur Spitze solide gebaut sind.

Es gibt zwei Arten von Wertpyramiden. Eine für Unternehmen mit neun Ebenen, bei denen die Firma bzw. das Produkt oder die Dienstleistung im Vordergrund stehen. Firmen klassischer Bauart und Struktur vom Kleinbetrieb bis zum Konzern. Die zweite Version der Wertpyramide mit acht Ebenen ist für personenzentrierte Unternehmen bzw. Personen gültig. Das sind meist Kleinstfirmen, selbstständige Dienstleister, Ein-Personen-Unternehmen (EPUs), in denen der Unternehmer gleichzeitig der ist, der die Leistung erbringt. Berater, Trainer, Coachs, Architekten, Masseure, Rechtsanwälte etc. gehören in diese Kategorie. Der Unterschied in den Wertpyramiden ist zwar nicht groß, aber signifikant. Er liegt vor allem in der Anordnung der einzelnen Werteebenen, wie Sie in Kürze sehen werden. Die Person selbst spielt bei der zweiten Version eine wesentlich wichtigere Rolle als bei der Unternehmensversion.

Die Wertpyramide zeigt Ihnen ganz deutlich, auf welchen Ebenen Sie arbeiten und an welchen Schrauben Sie drehen können, um Ihr Unternehmen bzw. Ihre Produkte in der Wertewahrnehmung der Kunden weiter zu steigern. Durch diese Fokussierung auf die Wahrnehmung des Kunden deckt die Wertpyramide vor allem den eher nach außen gerichteten Teil eines Unternehmens, die Vertriebs- und Marketingseite ab. Produktion, Einkauf und Verwaltung sind natürlich ebenso entscheidende Faktoren für den Gesamterfolg eines Unternehmens, werden aber hier nicht mit einbezogen (da sie nicht Thema des Buches und offen gesagt auch nicht mein Thema sind).

Sie können die Wertpyramide auch zur Analyse verwenden, um besser abzuschätzen, wo Sie bereits gut sind und wo es noch Potenziale gibt, den Wert zu steigern. Und nachdem der Wert immer auch dem erzielbaren Preis entspricht, ist die Wertpyramide das perfekte Instrument, um an der Erhöhung Ihrer erzielbaren Preise, an der Spitze Ihrer Pyramide, zu arbeiten.

Abb. 4: Wertpyramide für Unternehmen

Die Wertpyramiden funktionieren grundsätzlich so, dass die unteren Stufen einen höheren Einfluss auf den am Markt durchsetzbaren Preis bzw. den Ertrag haben als die oberen Stufen (wobei an dieser Stelle gleich deutlich gesagt sei, dass der Einfluss der oberen Stufen immer noch sehr hoch sein kann). Wenn es etwa am Geschäftsmodell eines Unternehmens krankt (Stufe 2) oder die Produkte schlecht sind, können auch noch so gute Verkäufer (Stufen 7 und 8) mit überdurchschnittlichen Verkaufsgesprächen (Stufe 9) nur mehr vergleichsweise wenig wettmachen.

Ist hingegen das Geschäftsmodell solide und sind die Produkte begehrt, können auch mittelmäßige, unerfahrene oder ungeschulte Verkäufer überdurchschnittliche Erfolge erzielen. Das jeweils neueste iPhone z.B. konnte zumindest bis 2015 selbst ein dressierter Affe erfolgreich an die Kunden bringen. Apple hatte über lange Zeit hinweg ein extrem gut funktionierendes Geschäftsmodell und mit die heißesten und innovativsten Produkte, die es am Markt gab (lassen wir uns überraschen, wie lange das noch so bleibt, nachdem vor Kurzem erstmals seit mehr als einem Jahrzehnt Rückgänge in Umsatzzahlen berichtet wurden). Gleichzeitig sind aber Kompensationseffekte zwischen Ebenen durchaus erzielbar. In verhandlungsintensiven Bereichen der Wirtschaft, oft im B2B-Bereich, können sehr gute Verkäufer für durchschnittliche Produkte sicher immer wieder deutlich höhere Preise erzielen als schwache. Auch bei den Umsätzen gibt es – bei vergleichbaren Preisen – oft große Unterschiede innerhalb von Verkaufsorganisationen. Je schwächer der untere Bereich der Pyramide ausgebildet ist, desto stärker wirken sich die oberen Ebenen aus. Aber kein noch so guter und erfahrener Verkäufer wird es schaffen, uns Kaffee zum Sechs- bis Zehnfachen des Preises zu verkaufen, den wir für vergleichbare Qualität bezahlen. Dazu braucht es das entsprechende Geschäftsmodell und die richtigen Produkte, wie am Beispiel *Nespresso* erläutert. Je nach Unternehmen bzw. Branche wird die Pyramide daher nicht stets so gerade Seiten haben. Immer wieder werden oberhalb liegende Ebenen stärker ausgeprägt und damit breiter sein als weiter unten liegende.

Die Tatsache, dass die Person (alle mit Kundenkontakt) erst auf den Ebenen 7 bis 9 kommen, hat also nichts mit der grundlegend enormen Bedeutung guter Mitarbeiter für Unternehmen zu tun. Zumal ja auch Geschäftsmodelle und Produkte von Mitarbeitern erdacht und realisiert werden und Vertriebsorganisationen von Menschen geführt werden, die auf Ebene 6 auf den Plan treten. Aber nun zu den einzelnen Ebenen und deren Bedeutung.

Ebene 1 – Pragmatische Ziele und Visionen

»Ziele? Die haben wir!«, sagen viele der Verkäufer und Führungskräfte, mit denen ich in Vorträgen oder Beratungsprojekten zu tun habe. Bei genauerer Betrachtung stellt sich heraus, dass es oft banale Zahlenziele sind, die Kenngrößen wie Umsatz, Gewinn, Marktanteil oder Stückzahlen sind. Verstehen Sie mich nicht falsch. Nichts gegen diese. Grundsätzlich. Ich bin Betriebswirt und weiß um die Wichtigkeit der Festlegung solcher Ziele und das laufende Monitoring dieser.

Doch ist »Umsatzsteigerung von 7,5% im Gebiet A bis Jahresende« auch ein Ziel das Führungskräfte, Verkäufer, Mitarbeiter, Menschen bewegt? Wirklich bewegt? Für das sie Begeisterung entwickeln und das sie antreibt, ohne dass sie jemand antreiben müsste? Für das sie Energien freisetzen, die extra Meile gehen und alle Reserven mobilisieren? Über das in allen Winkeln der Firma, in jeder Kaffeepause gesprochen wird. Das Sie morgens gleich nach dem Aufwachen im Kopf haben und das beim Einschlafen Ihren letzten Gedanken darstellt (speziell als Selbstständiger oder Unternehmer)?

Sie halten das für übertrieben? Sie wollen beim Wachwerden und Einschlafen gar nicht an die Firma denken? Vielleicht ist es das auch. Ein klein wenig. Aber bisweilen muss ich übertreiben, um einen Gedanken deutlich zu machen. Und wenn man den Biografien und Geschichten über so manche der ganz großen der Weltgeschichte Glauben schenken mag, waren jene von ihren Zielen oft so erfüllt, dass sie diese sprichwörtlich Tag und Nacht beschäftigt haben. Getriebene, würden manche meinen. Aber ist man getrieben, wenn man sich selbst treibt? Und wenn es so ist, ist das ein unangenehmer Zustand, oder etwa einer, der die Betroffenen zutiefst glücklich macht?

Wenn wir noch einen Schritt weitergehen, größer und längerfristig denken, landen wir bei den Visionen. Das sind jene verbalen Elaborate, die von den Führungsriegen von Unternehmen, angeleitet durch einen kundigen Berater oder Trainer oft in mehrtägigen Strategiesessions ausgearbeitet werden. Die Resultate werden auf allen Kanälen den Mitarbeitern nahegebracht mit der Idee, dass jene sie zu den ihren machen. Danach vom Grafiker mit geschickter Hand betrachterfreundlich umgesetzt, zieren Sie die Gänge, Meeting- und Besucherräume, Webseiten und Unterlagen so mancher Großbetriebe und Konzerne. Dort sind diese interessanterweise besonders beliebt und verbreitet.

Aus meiner Erfahrung handelt es sich dabei aber oft um Totgeburten. Nicht einmal diejenigen, die sie zur Welt brachten, können sie auswendig rezitieren. Von den übrigen Mitarbeitern des jeweiligen Unternehmens ganz abgesehen. Und wenn sie niemand kennt, wirklich kennt, wie sollten sie dann in einer Organisation oder bei einzelnen Menschen etwas bewirken?

Woran es scheitert? Oft sind derlei Ausgeburten von Vision-Workshops zu schwammig, zu wenig griffig und plastisch. Sie erzeugen keine Bilder im Kopf. Kürzlich habe ich in einem Unternehmen etwa gelesen »Wir stehen für Ethik im Gesundheitswesen« (oder so ähnlich). Erzeugt das Bilder bei Ihnen? Bei mir nicht. Sorry. Obwohl ich den Satz inhaltlich verstehe. Ich bin aber fest davon überzeugt, dass Ziele und Visionen umso wirksamer sind, je konkreter, bildhafter und beispielhafter diese sind. Elon Musk, der Gründer von *SpaceX* und *Tesla* lässt auf *www.spacex.com* verlautbaren: *»SpaceX designs, manufactures and launches advanced rockets and spacecraft. The company was founded in 2002 to revolutionize space technology, with the ultimate goal of enabling people to live on other planets.«* [★]

Andere Planeten besiedeln. Darunter kann ich mir etwas vorstellen. Das nenne ich mal ein großes Ziel im Vergleich zu 10% mehr Umsatz als im Vorjahr. Ja, ich weiß schon, das eine ist eine Vision, ein Mission Statement etc. ... das andere ein kurzfristiges Ziel. Und dennoch: Die Botschaft wird durch den Vergleich durchaus transportiert. Und wenn der Biografie (die ich kürzlich gelesen habe) zu trauen ist, dann arbeiten die Menschen bei *SpaceX* rund um die Uhr mit anscheinend unendlicher Energie an diesem Ziel. Ist das gut? Das mag jeder für sich entscheiden. Könnte dieser schier endlose Einsatz auch etwas mit dieser Vision, andere Planeten zu bevölkern, zu tun haben? Wenn Sie mich fragen: definitv.

Nur um eines klarzustellen: Ihre Ziele werden ganz andere sein. Ich will damit nicht sagen, dass Ihr Ziel dermaßen riesig sein muss, wie das, andere Planeten zu bevölkern. Es gäbe ja viel zu viel Verkehr da draußen, wenn jetzt alle zum Mars wollten. Was Ihr Ziel allerdings sein muss, ist griffig, konkret und inspirierend für Sie und Ihr Umfeld.

Ebene 2 – Positionierung und Geschäftsmodelldesign

Bei der Ebene 2 geht es um so grundlegende Fragen wie z.B: »Was ist unser Geschäftsmodell?« »Wofür stehen das Unternehmen und seine Produkte?« »Was ist unser USP?« »Was ist unsere Kernbotschaft?« »Wer sind die idealen Kunden?« »Auf welchen Märkten wollen wir agieren?« In den Antworten liegt enorm viel des Erfolges, im Besonderen des finanziellen Erfolges eines Unternehmens. Durch ein herausragendes Geschäftsmodell bzw. eine punktgenaue und messerscharfe Positionierung wird der Grundstein für ein funktionierendes Unternehmen und hohe Deckungsbeiträge und Gewinne gelegt.

Das traditionelle Geschäftsmodell der Musikindustrie etwa – Tonträger zu produzieren und zu verkaufen – wurde durch das Internet und die damit einhergehenden technologischen Neuerungen (plötzlich konnte man Musik ganz leicht kopieren und gratis downloaden) binnen weniger Jahre fast vollkommen demontiert. *Apple*-Chef Steve Jobs

(R.I.P.) hat diese Schwäche erkannt, die Gunst der Stunde genutzt und mit iTunes ein innovatives neues Geschäftsmodell auf die Beine gestellt. Natürlich gab es auf den Stufen darüber auch einige Neuerungen – im Angebotsdesign und Pricing etwa (man konnte jetzt auch einzelne Lieder kaufen) – doch allein das Geschäftsmodell war ein Garant für den überragenden Erfolg.

Ein weiteres oft zitiertes, aber deshalb nicht minder exzellentes Geschäftsmodell ist, wie erwähnt, jenes von *Nespresso*. Wir zahlen für guten, aber nicht überragenden Kaffee, abgefüllt in kleinen Kapseln das Sechs- bis Achtfache von vergleichbarer Qualität in Ein-Kilo-Packungen. Und das gerne und oft. Die Maschinen werden fast verschenkt. Geld wird mit den Kapseln verdient. Das Beispiel zeigt die enorme Hebelwirkung der Stufe 2. Kein noch so guter Verkäufer würde es zustande bringen, uns gleichwertigen Kaffee zum achtfachen Preis zu verkaufen. Vielleicht zum doppelten Preis, aber nicht zum achtfachen. Und wenn doch, dann würde ich den gerne kennenlernen. Doch *Nespresso* hat genau das mit einem guten Produkt gekoppelt mit einem kreativen Geschäftsmodell hingekriegt und ist berühmt und ganz sicher sehr reich geworden damit. Meine Hochachtung! Ich weiß, manche denken an das viele Aluminium, die Umwelt, die Ressourcenverschwendung etc. ... doch darum geht es an dieser Stelle nicht.

Ebene 3 – Produkte/Pakete/Preise

Wenn das Geschäftsmodell passt, die Positionierung stimmig ist und die Zielgruppen und Märkte gut definiert und erfolgversprechend sind, sind die nächststärksten Hebel und Einflussfaktoren für hohe Preise, Deckungsbeiträge und Gewinne die konkreten Produkte bzw. Dienstleistungen, die angeboten werden. Dabei geht es allerdings nicht nur um das einzelne Produkt. Die Struktur und die Zusammensetzung der gesamten Produkt-, bzw. Leistungspalette üben einen ebenso starken Einfluss auf das Preisniveau und die Deckungsbeiträge aus.

So wurde in diesem Zusammenhang etwa folgender psychomathematischer® Effekt in mehreren Studien erforscht und seine Wirksamkeit nachgewiesen. Die Wahrnehmung eines Preises, ob teuer oder billig, hängt nicht allein von der Preishöhe und dem damit verbundenen Wert, sondern vor allem auch vom Umfeld, vom gesamten Sortiment ab.

Einmal angenommen, wir sind Gastronomen und verkaufen Wein an der Bar. Der Gast möchte ein Glas Rotwein und wir bieten ihm drei verschiedene Weine an. Einen um 2,90 Euro einen um 3,50 Euro und einen um 4,30 Euro. Abgesehen von unterschiedlichen Sorten und Geschmäcken wird in diesem Fall der um 3,50 Euro der am öftesten gewählte sein, wie Studien zeigen. Der Gast mag sich vielleicht so etwas denken wie: »Na, der billigste muss es ja nicht sein, aber 4,30 Euro ist schon happig für ein Glas Rotwein.« Was können wir nun tun, um mehr vom teureren Wein zu verkaufen und damit hoffentlich auch mehr Deckungsbeitrag zu erzielen? Wir könnten den teureren natürlich wortreicher anpreisen oder sogar verkosten lassen (wie vorhin mit unserem Olivenöl im Preisexperiment #2). Das würde sehr wahrscheinlich sogar etwas bringen.

Einfacher aber geht es durch die Änderung des Sortiments (was nicht bedeutet, dass wir nicht mit allen zur Verfügung stehenden Mitteln arbeiten könnten). Wir lassen den billigen Wein um 2,90 Euro weg und ergänzen die Auswahl um einen teureren, der 5,50 Euro pro Glas kostet. Jetzt haben wir also einen um 3,5 Euro, einen um 4,30 Euo und einen um 5,50 Euro.

Wenn Sie jetzt einfach Ihrem ersten Impuls folgen, welchen Wein würden Sie wählen (so es zur aktuellen Tageszeit schon angemessen erscheint, Wein zu trinken)? Studienteilnehmer greifen in dem Fall vermehrt zum Wein um 4,30 Euro, statt zu dem um 3,50 Euro. Immerhin eine Erhöhung des Preises um satte 23%, was die bevorzugte Wahl des Gastes betrifft.

Warum entscheidet sich unser Gast so? Weil Preiswahrnehmung, wie wir bereits festgestellt haben, hochgradig irrational ist. In dem Fall zeigen zwei psychologische Mechanismen Wirkung. Einerseits haben wir bei Entscheidungen solcher Art eine Tendenz zur Mitte. Wir wählen bevorzugt das Produkt bzw. die Alternative in der Mitte. Das kann sich auf den Preis beziehen, auf die Größe oder auf andere Faktoren, die im Einzelfall eine Rolle spielen. Durch unsere Sortimentsveränderung verschieben wir die Mitte nach oben. Der zweite Effekt, der zum Tragen kommt, ist der, dass durch die Einführung eines neuen, deutlich teureren Weins, der um 4,30 Euro plötzlich gar nicht mehr so teuer erscheint. Ich weiß nicht, wie es Ihnen geht, aber sogar jetzt, wo ich den Effekt beschreibe und die Preise betrachte, wirkt er immer noch, trotz der rationalen Betrachtung. Wir können uns offenbar sogar dann wunderbar selbst austricksen, wenn wir die Tricks kennen.

Natürlich gibt es viele mögliche »Wenn und Aber«, was derlei preispsychologische Effekte betrifft. Nicht alles funktioniert immer und alles hat seine Grenzen. Wir werden so den Durchschnittspreis wohl nicht von 3,50 Euro auf 8,70 Euro für das Glas bekommen. Aber der Effekt ist da, ist stark und oftmals beobachtet. Er ist nur ein Beispiel dafür, wie wichtig nicht nur das einzelne Produkt ist. Vielmehr sind die Gestaltung des gesamten Angebotes und damit einhergehend die Definition der Preisstrategie entscheidend, was die Erzielung hoher Preise und Deckungsbeiträge betrifft.

Auch Produkt- oder Dienstleistungspakete können einen wesentlichen Einfluss auf die Erzielung höherer Preise haben. Durch die Kombination von Produkten und Dienstleistungen in Form von Paketen wird dem Käufer der Preisvergleich erschwert. »Meine Kunden können doch rechnen!«, höre ich an dieser Stelle ab und an. Ja, hoffentlich. Die Frage ist: Tun sie es auch? Menschen sind nun mal tendenziell bequem. Und Varianten, Pakete zu schnüren, gibt es viele. Die allereinfachsten, wie der Doppelpack oder das Six-Pack (das Bier nicht der Bauch!), sind weit verbreitet. Doch die Einsatzmöglichkeiten von Paketen gehen weit darüber hinaus.

Zwei der kreativsten und exotischsten Pakete, die mir in den letzten Jahren untergekommen sind, waren folgende: Vor ein paar Jahren, als ich in Dubai aus dem Flugzeug stieg, wurden die Apartments auf einer der neu errichteten Inseln groß auf Plakaten angeboten. Und was gab es zum Apartment dazu? Einen Maserati! Sehr nett, fand ich (gekauft habe ich trotzdem nicht). Rein kalkulatorisch ist das gut darstellbar. Wenn wir der Einfachheit halber annehmen, dass das Apartment z.B. um drei Millionen US-Dollar angeboten wird, und für den Maserati so etwas wie 100.000 Euro auf den Tisch geblättert werden müssen, entspräche das einem Verhältnis von 3,33% der Gratisbeigabe Auto zum Hauptprodukt Apartment. Dabei ist noch gar nicht berücksichtigt, dass man den Maserati für so eine Aktion wahrscheinlich zu deutlich günstigeren Konditionen einkauft. Aber einmal rein spontan, aus dem Bauch heraus: Was erscheint Ihnen WERT-voller: 3,33% Preisnachlass oder ein Maserati?

Ein anderes, nettes Beispiel. Der Elektrohändler *Saturn* kam vor ein paar Jahren auf die glorreiche Idee, zur Nikon-Spiegelreflex-Kamera (statt der ansonsten üblichen Fototasche) gleich die passenden Fotomotive in Form eines Weltraumfluges um dezente 74.444 Euro dazu zu verkaufen. Ich weiß nicht, ob sich je ein Kunde für dieses Schnäppchen entschieden hat. Das ist letztlich auch egal. Aufmerksamkeit hat dieses Paket in jedem Fall gebracht. [★] Und wer sagt denn, dass die Zugabe immer kleiner bzw. günstiger sein muss als das Hauptprodukt?

Ganz abgesehen von diesen Extremformen lassen sich Pakete sehr gut dafür einsetzen, um Umsätze, Preise und Deckungsbeiträge in die richtige Richtung zu entwickeln. Sie stellen eine hervorragende Ergänzung zu einem strategisch gut gestalteten Produktsortiment dar, das alle Preispunkte, die man besetzen will, auch besetzt.

Ebene 4 – Prozesse in Verkauf und Marketing

Auf dieser Stufe geht es um Prozesse und um die Fragen: »Wie kommen wir zu neuen Kunden?« »Wo und wie sprechen wir Kunden an?« »Wie verfahren wir mit bestehenden Kunden?« »Welche Produkte verwenden wir für den Erstkontakt, welche für weitere?« »Wie sieht der Sales-Funnel, der Verkaufstrichter aus?« »Was sind die dafür definierten Stufen?« Die Antworten auf diese Fragen haben mit Prozessen zu tun. Überall im Vertrieb und im Marketing gibt es Möglichkeiten, durch gute, erprobte und professionell definierte Prozesse noch erfolgreicher zu werden. Beim Umsatz, bei Stückzahlen, aber ebenso im Gewinn. Auch was etwaige Preisgespräche und -verhandlungen mit Kunden angeht, ist durch die Gestaltung eines entsprechenden Prozesses das Ergebnis erheblich verbesserbar.

Das Problem ist in vielen Fällen das, dass der Verkauf an bestehende Kunden wie auch die Gewinnung neuer viel zu sehr von Zufälligkeiten abhängt. Natürlich freut sich ein Verkäufer über einen Neukunden, den er zufällig empfohlen bekommen hat. Doch wirklich spannend wird es, wenn Sie es schaffen, ein System zu installieren, das solche Empfehlungen regelmäßig hervorbringt. Je mehr die Vermarktung auf Systemen beruht, idealerweise auf solchen, die nicht von der Leistung einzelner Menschen abhängen, desto solider ist die Basis für den Vertrieb.

So tragen sich etwa jede Stunde, die ich hier sitze und schreibe, ein bis zwei potenzielle Interessenten in meine Datenbank ein. Warum? Weil ich ein System installiert habe, das es Interessierten ermöglicht, mit mir in Kontakt zu treten und im Austausch gegen ihre E-Mailadresse z.B. ein attraktives E-Book zu erhalten. Das funktioniert softwaregestützt, ganz ohne mein Zutun, sogar während ich schlafe. Doch das ist nur ein kleines Beispiel für ein kleines Teilsystem, wie Sie es im Vertrieb nutzen können. Ziel ist es, alle Prozesse in Vertrieb und Marketing, die sich sinnvoll systematisieren lassen, in (automatisch funktionierende) Systeme zu packen. Ihre Umsätze und Gewinne werden es Ihnen danken.

Ebene 5 – Präsentation nach außen

Nachdem das Grundgerüst für die Erzielung höherer Preise in den Stufen 1 bis 4 gelegt wurde, geht es in Stufe 5 um die Präsentation. Mit Präsentation ist in diesem Sinne die Wirkung des Unternehmens in all seinen Facetten nach außen zum Kunden, den Lieferanten, zu den Medien und zur Öffentlichkeit hin gemeint. Nicht minder wichtig ist die Präsentation nach innen, die Wirkung auf die eigenen Mitarbeiter und Führungskräfte.

Und was wirkt dabei alles? Alles! Man spricht von sogenannten Touchpoints. Damit sind alle Punkte gemeint, an denen ein Unternehmen mit der Umwelt in Berührung kommt. Bei Ein-Personen-Unternehmen sind das vielleicht ein paar Dutzend wesentliche Touchpoints, bei großen Firmen können das Hunderte oder Tausende, bei Konzernen Zehntausende oder Hunderttausende sein. Personen, Gebäude, Produkte, Fahrzeuge, Werbung, Geschäfte, Webseiten, Social Media Auftritte, Materialien, Präsentationen. Bis hin zur Kleidung der Servicemitarbeiter (auch die der Hooters-Damen natürlich) und der Qualität des Papiers der Visitenkarten der Verkäufer trägt sprichwörtlich alles zur Wirkung bei.

Oft sind es Kleinigkeiten, die große Wirkung entfalten und entscheidende Impulse geben können. Je hochpreisiger Sie verkaufen möchten, umso wichtiger sind die Details. Die Verpackung muss zum Produkt passen, der gesamte Auftritt zur Positionierung der Firma. Es geht um Kongruenz, um die oft zitierte Authentizität, um Glaubwürdigkeit. Ein Friseur, dessen Mitarbeiter selbst so aussehen, als würden sie dringend einen Friseur brauchen, ist nicht glaubwürdig, was seine Leistung betrifft.

Haben Sie ein iPhone? Haben Sie die Schachtel, die Verpackung noch? Warum haben Sie diese nicht weggeworfen wie die meisten anderen Schachteln auch? Ich habe meine alle noch und ich sage Ihnen warum: Weil diese Schachteln mit genau derselben Qualität, derselben Liebe zum Detail und derselben Perfektion wie das Produkt selbst gemacht wurden. Sie strahlen hohen Wert aus. »Wenn die Schachtel schon so wertvoll ist, wie wertvoll muss dann erst das Produkt sein?«, könnte sich der Kunde fragen. Und das Ergebnis: *Apple* erzielt nicht nur deutlich höhere Preise als die meisten Mitbewerber, sondern laut Presseberichten ca. unglaubliche 80% der Gewinne der gesamten Smartphone Sparte (2015). Weltweit!

Ebene 6 – Personalmanagement

Jetzt erst, ab Stufe 6, geht es unmittelbar und direkt um die involvierten Personen. Auf dieser Stufe um die Führungskräfte. Die Art, wie sie führen, wie sie kontrollieren, wie sie motivieren, ob und welche Art Feedback sie geben, trägt in erheblichem Maße nicht nur zum Umsatz, sondern vor allem zum Gewinn eines Unternehmens bei.

Ich kenne Vertriebsorganisationen, in denen die Verkäufer einen gewissen Spielraum haben, was die Preisgestaltung betrifft. Es gibt Rabattstaffeln, die an Abnahmemengen gekoppelt sind. Wenn sich ein Verkäufer aber nicht an diese hält, sondern sie wiederholt überschreitet und dafür von der Führungskraft nicht zur Rede gestellt wird ... was wird passieren? Richtig. Das ganze System wird sich selbst ad absurdum führen.

Oder wenn das Unternehmen zwar Margen und Gewinne steigern möchte, der Verkauf diese aber gar nicht kennt und nach Umsatz, Stückzahlen oder Marktanteilen bezahlt wird ... was wird die menschlich verständliche Konsequenz sein? Genau. Der Verkauf wird Umsätze, Stückzahlen und Marktanteil produzieren und steigern. Gewinne? Margen? Wen interessiert das? Schließlich ist uns allen das Hemd näher als der Rock. Und das meine ich nicht einmal vorwurfsvoll. Das ist menschlich betrachtet absolut nachvollziehbar. Nicht die Verkäufer haben in diesem Fall den Schwarzen Peter (so es einen gibt), sondern die Entscheider, die sich dieses Ziel- bzw. Entlohnungssystem ausgedacht haben.

Ein drittes Beispiel. Ich erlebe häufig, dass die Provisionen im Vertrieb zwar (teilweise) deckungsbeitragsabhängig ausbezahlt werden, aber dennoch der Umsatz oder die Stückzahlen im Vordergrund stehen. Wer wird im Rahmen von Meetings gelobt und aufs Podest gestellt? Die Verkäuferin mit weniger Umsatz, aber hohen Deckungsbeiträgen? Oder doch der, der unter lautem Getöse einen gewaltig großen Auftrag an Land zieht, der das Unternehmen zwar ressourcenmäßig bis an die Grenze fordert, aber letztlich keinen Gewinn produziert (und das bisweilen im besseren Fall)? Selten sind es die mit weniger Umsatz aber soliden Margen ... aus meiner Erfahrung. Wie ist das bei Ihnen?

Diese Beispiele zeigen, wie stark die Führung, gerade die von Vertriebsorganisationen, und die von den Führungskräften etablierten Systeme und Vorgehensweisen im Vertriebsmanagement auf das Ergebnis wirken. Immer wieder erlebe ich eine »Nach-mir-die-Sintflut-Mentalität« bei Führungskräften im Vertrieb. Wenn ich schätzen müsste, würde ich sagen in Großkonzernen öfter als bei kleineren Unternehmen. Da werden auf Teufel komm raus Umsätze und Marktanteile gepusht in dem Wissen, dass man selbst die Suppe, die man dem Unternehmen eintropft, nicht mehr auslöffeln muss. Wenn nämlich die Auswirkungen auf Deckungsbeiträge und Gewinne sichtbar werden (und das dauert bisweilen länger als man denkt) ist derjenige, der das verursacht hat, schon weitergezogen und hat aufgrund seiner exzellenten Ergebnisse die nächste Stufe der Karriereleiter erklommen. Ein Verhalten, das bei Unternehmern (nachvollziehbarerweise) weniger oft anzutreffen ist als bei bezahlten Führungskräften. Damit will ich aber kein zu negatives Bild zeichnen. Ich habe in meiner Berufslaufbahn und in vielen Projekten für kleine und riesige Unternehmen sehr viele, gute und engagierte Führungskräfte kennengelernt, denen es ein ernsthaftes Anliegen ist, mittel- und langfristigen Erfolg für ihren Arbeitgeber zu erzielen.

Aber auch die bezahlten Führungskräfte sind Teil eines Systems. Sie haben Ziele und Boni, die an Ziele geknüpft sind. In dem Fall müssen die Vorgesetzten sich die Frage stellen, ob die Ziele, Prämien und Boni auf dieser Ebene die richtigen sind, soweit es gesundes, profitables Wachstum betrifft.

Zusammengefasst: Wenn Sie eine Vertriebsorganisation haben wollen, die Profit produziert, statt nur Umsätze, müssen Sie diese so führen, dass das wahrscheinlicher wird. Und das bedeutet: Nach Deckungsbeiträgen entlohnen, für Deckungsbeiträge belohnen, über Deckungsbeiträge sprechen, für Deckungsbeiträge loben und wegen mangelnder Deckungsbeiträge zur Verantwortung ziehen. Auf das Thema »die gewinnorientierte Vertriebsorganisation« werde ich,

aufgrund seiner großen praktischen Bedeutung, in einem späteren Kapitel genauer eingehen.

Für Marketingteams trifft sinngemäß dasselbe zu. Auch bei ihnen geht es darum, nicht die Kreativleistung allein in den Vordergrund zu stellen, sondern den Profit, der damit erwirtschaftet wird. Die kreativste, spannendste, lustigste oder aufsehenerregendste Aktion z.b. bringt nichts, wenn sie nicht – zumindest im Wege einer gewissen Umwegrentabilität – mehr einspielt, als sie kostet. Die Minimumanforderung an jede »Wir-zahlen-Ihnen-die-Mehrwertsteuer«-Aktion wäre es auszurechnen, um wie viel Stück im Rahmen dieser Aktion mehr verkaufen müsste, um den entgangenen Stückdeckungsbeitrag wieder einzuspielen. Und dabei lassen wir, um es einfach zu halten, die übrigen Kosten für die Aktion wie auch die potenziell positiven Umwegeffekte beiseite. Das, was bei dieser Rechnung herauskommt, ist zwar nicht die betriebswirtschaftliche Wahrheit (die ist sehr viel komplexer), gibt aber zumindest eine gute erste Idee von der Höhe der Latte. Und glauben Sie mir, meist liegt diese sehr viel höher, als Sie es für möglich halten würden.

Es ist eine Aufgabe der Führung, darauf zu achten, dass gerade im Marketing die richtigen, die entscheidenden Kennzahlen im Vordergrund stehen. Denn gerade das Marketing bietet endlos viele Ablenkungsmöglichkeiten von den wirklich wichtigen Dingen für das Unternehmen.

Ebene 7 – Produktivität im Verkauf

Exzellente Ergebnisse, hohe Gewinne, hohe Deckungsbeiträge oder Honorare sind letztlich Ergebnisse des effizienten Einsatzes der zur Verfügung stehenden Ressourcen. Und eine der entscheidendsten und knappsten Ressourcen ist die Zeit. Auf die einzelne Person heruntergebrochen ist die Zeit die einzige Ressource, die absolut fair und gleichmäßig auf alle Menschen verteilt ist. Reich, arm, jung, alt, Frauen, Männer – alle haben exakt 24 Stunden pro Tag davon. Und dennoch erleben wir tagtäglich, dass die Menschen extrem unterschiedlich damit umgehen. Die einen machen nur wenig aus bzw. mit ihren 24 Stunden während andere ein Vielfaches an Output mit derselben Zeit produzieren (was immer dieser Output auch sein mag).

Die Basis für einen ergebnisorientierten Umgang mit Zeit beginnt mit dem Bewusstsein, wie viel Zeit überhaupt wert ist. Menschen beschweren sich ständig darüber, dass sie keine Zeit haben und wie wenig andere ihre wertvolle Zeit zu schätzen wissen. Aber wissen wir selbst überhaupt, wie viel unsere Zeit wert ist? Einmal abgesehen vom philosophischen Aspekt dieser Frage, ganz nüchtern wirtschaftlich betrachtet, kann sich jeder, ob angestellt oder selbstständig, ausrechnen, wie viel eine seiner Stunden wert ist.

Sie können das z.B. auf Basis der Kosten tun. Für eine angestellte Tätigkeit wären das der Lohn bzw. das Gehalt, die Gehaltsnebenkosten, Dinge wie Firmenauto, Firmenhandy, Schreibtischausstattung etc. Wenn Sie das alles aufsummieren und dann durch die Anzahl der Arbeitsstunden teilen, kommen Sie auf eine Zahl, die den Wert einer Arbeitsstunde widerspiegelt. Kostenseitig zumindest. Allerdings ist noch kein Geld verdient, wenn ein Mitarbeiter bloß seine Kosten wieder hereinspielt.

Sehr viel spannender finde ich die Frage: Wie viel Deckungsbeitrag soll der Mitarbeiter erwirtschaften? Und wenn Sie diesen Wert durch die Anzahl der zur Verfügung stehenden Stunden teilen, kommt ein anderer Wert heraus als zuvor. Hoffentlich ein (deutlich) höherer. Wenn nicht, dann sitzt der Stachel sehr, sehr, sehr tief. Die Selbstständigen und Unternehmer unter Ihnen können das natürlich auch für die eigene Arbeitsleistung berechnen.

Parallel dazu können Sie analysieren, was Ihre Mitarbeiter bzw. Sie selbst den ganzen langen Tag so treiben. Womit beschäftigt sich dieser Mensch bzw. womit beschäftigen Sie sich? Streng betriebswirtschaftlich betrachtet wäre es natürlich mehr als geboten, dass jede einzelne Stunde die der Mitarbeiter – bzw. Sie selbst – in der Arbeit im Einsatz ist, mehr bringt, als sie kostet. Logischerweise sollte daher nichts getan werden, was jemand anderer genauso gut (oder zumindest gut genug) um weniger Geld machen kann. Wenn ich z.b. die Wahl habe, ein Verkaufsgespräch zu führen, das im Erfolgsfall 1.000 Euro Deckungsbeitrag bringt, oder mein Büro aufzuräumen (was eine Reinigungskraft für 15 Euro pro Stunde besser schafft als ich), scheint klar, welche Wahl ich treffen sollte.

So weit so gut. Theoretisch ist das alles logisch und schlüssig. Praktisch wissen wir (was an den Beispielen mit den Irrationalitäten bei Kaufpreisentscheidungen deutlich sichtbar war), dass das Konzept des »Homo Oeconomicus«, des rational, nach rein (betriebs-)wirtschaftlichen Gesichtspunkten entscheidenden Menschen, so etwas von überholt ist, dass es uns nicht einmal mehr ein mildes Lächeln entlocken kann. In Unternehmen beobachte ich z.b. regelmäßig, dass gut bezahlte Verkäuferinnen Stunden mit administrativem Papierkram beschäftigt werden. Wertvolle Autoverkäufer verbringen bisweilen mehr Zeit mit dem An- bzw. Abmelden (oder gar dem Reinigen) von Fahrzeugen, als damit Kunden anzurufen. Und Führungskräfte? Bei ihnen ist es bei genauerer Betrachtung oft noch schlimmer, weil die Latte, was den Wert pro Stunde angeht, noch höher liegt (oder zumindest liegen sollte) und die Lücke zwischen Soll und Ist entsprechend weiter klafft.

Was wäre also wirtschaftlich sinnvoll, soweit es Ergebnisse in Form von Umsätzen, Gewinnen und Deckungsbeiträgen betrifft? Delegieren! Delegieren! Delegieren! Alles, was rechnerisch Sinn macht und praktisch machbar ist. Und ja, ich weiß, dass es manchmal andere Gründe gibt, dass eine bestimmte Person eine bestimmte Tätigkeit ausübt, die sie wirtschaftlich betrachtet eigentlich nicht tun sollte. Aber selbst wenn wir diese Fälle außen vorlassen, bleibt mehr als genug Optimierungspotenzial. Oder einfach gesagt: Wenn Sie einen guten Verkäufer haben (bzw. selbst einer sind), verbieten Sie ihm, auch nur eine Minute irgendetwas anderes zu tun, als Kunden und Geschäfte heranzuschaffen. (Okay, zur Toilette gehen sei ihm zugestanden.) Das ist eine der profitabelsten Maßnahmen, die Sie durchführen können.

Der effiziente Umgang mit der eigenen Zeit bzw. der Zeit Ihrer Mitarbeiter entscheidet ganz massiv über das wirtschaftliche Ergebnis im Vertrieb. Meine Erfahrung zeigt, dass in punkto Gesamterfolg der Verkäufer oder Unternehmer, der es schafft, den größten Teil seiner Zeit für die wertvollsten, profitabelsten Tätigkeiten einzusetzen, dem nur talentierten, der zu viel seiner Zeit mit nicht-erfolgswirksamen Tätigkeiten zubringt, haushoch überlegen ist.

Ebene 8 – Persönlichkeit

Ist die Sache mit der Produktivität im Sinne des Zeiteinsatzes erst einmal in die richtigen Bahnen gelenkt, ist das nächste wesentliche Level der Pyramide das, was sich zwischen den Ohren des Verkäufers abspielt. Es geht im Kern um Fragen wie: Was denkt er? Wer ist sie? Woran glaubt er? Hält sie das eigene Produkt für gut? Für preiswert? Oder etwa für überteuert? Würde er es selbst kaufen und verwenden? Die Antworten auf all diese Fragen beeinflussen den Verkauf, im Speziellen den erzielbaren Preis, sehr stark. Vor allem, wenn es darum geht, höherwertige Produkte zu verkaufen, bessere Deckungsbeiträge zu erzielen und weniger Rabatte zu geben. Im Discount und Billigbereich, überall dort, wo das Haupt- oder sogar einzige Argument der niedrig(st)e Preis ist, sind diese Fragen weniger von Bedeutung. Aber dafür braucht es strenggenommen oft keine Verkäufer, die sich mit solchen

Fragen beschäftigen könnten. Wenn Sie das billigste Produkt in vernünftiger Qualität haben, können Sie sich das mit den Verkäufern oft überhaupt sparen. Stellen Sie es online und sorgen Sie dafür, dass es die Welt erfährt. Wenn nicht, sind die Vorgänge in den Köpfen der Verkäufer relevant, entscheidend sogar.

Es geht darum, dass der Verkäufer seinen Preis »stehen können« muss. Das bedeutet, dass er tief in seinem Inneren der festen Überzeugung sein muss, dass der Preis gerechtfertigt oder vielleicht sogar günstig im Vergleich zum Wert des Angebotes ist. Ist er das nämlich nicht, ist die Gefahr sehr groß, dass seine wahre Einstellung zum Preis und zum Produkt nach außen, zum Kunden dringt. Der Verkäufer wird unsicher, wenn es um den Preis geht, nervös, schaut weg, räuspert sich und beginnt die Preisverhandlung in vielen Fällen selbst. Oft unbewusst, durch körpersprachliche und stimmliche Signale, die dem Kunden andeuten, dass preislich noch etwas drin ist, bisweilen aber auch bewusst, wie ich es kürzlich wieder einmal selbst erlebt habe.

Wir können aber auch weniger machen

Im Zuge eines Immobilienprojektes, das ich gemeinsam mit meiner Frau umgesetzt habe, benötigten wir einen Dienstleister für die Parifizierung (der Nutzwertberechnung an Wohnungseigentum, um ein Haus in rechtlich separate Einheiten/Wohnungen aufteilen zu können). Nach einigem Suchen fanden wir auf Empfehlung eine Dame, die zu passen schien. Wir fragten sie nach dem Preis und sie nannte uns einen Betrag, der sehr vernünftig erschien und deutlich unter dem lag, was uns sonst so angeboten worden war. Doch bevor wir zusagen konnten, sprichwörtlich in einem Atemzug mit dem Preis, hängte sie schnell an: »Wir können aber auch weniger machen!« Obwohl wir nicht über den Preis verhandeln wollten, drängte sich natürlich die Frage auf: »Und um wie viel weniger?« Darauf nannte sie uns einen Preis, der nochmals um ca. 10% unter dem erstgenannten lag. Wir waren einigermaßen perplex und meinten nur: »Na gut, machen wir es zu diesem Preis!« Wahrscheinlich wäre noch mehr drin gewesen, aber wir wollten nicht verhandeln, da der Preis ohnehin bereits günstig war, und wir die offensichtliche Preisangst der Dame nicht über Gebühr ausnutzen wollten. Schön für uns, schade für sie.

So wird Geld im Verkauf verschenkt. Dieser Fall ist wahrlich kein Einzelfall. Das passiert mir immer wieder. Ihnen auch? Studien und Mistery-Shopping zeigen, dass in bis zu 80% der Fälle der Verkäufer mit der Preisverhandlung beginnt! Seltsam, ist aber so! Diese Beispiele zeigen, wie grundlegend wichtig die Einstellungen und Glaubenssätze der handelnden Personen letztlich für den Preis sind. Und frei nach Boris Becker wird auch dieses Match zwischen den Ohren gewonnen.

Deshalb sind die ersten und wichtigsten Kunden für ein Unternehmen die eigenen Verkäufer. Diese gilt es zu überzeugen, zu beeindrucken, zu begeistern. »Nur, wer brennt, kann entzünden«, wie ein bekanntes Sprichwort schon sagt. Ein wahrlich begeisterter Verkäufer ist von der professionellen Führung eines Verkaufsgespräches, der Verkaufstechnik (die auf dem nächsten Level folgt) weitgehend unabhängig. Er wird mit seiner Begeisterung anstecken, selbst, wenn die Gesprächsführung schlecht ist.

Doch leider erlebe ich allzu oft Vertriebsorganisationen, die an die eigenen Produkte und Lösungen nicht, oder nicht stark genug, glauben. Solche, die genau wissen, was am Konkurrenzprodukt alles besser ist, und sich beständig wünschen, endlich so ein tolles Produkt und vor allem zu so einem attraktiven Preis zu haben. »Wir sind zu teuer!«, ist einer der Sätze, die in Vertriebsmeetings am häufigsten zu hören sind. Doch in den allermeisten Fällen stimmt das nicht. Für die Führungskräfte übersetzt müsste es stattdessen heißen: »Wir sind nicht wertvoll genug in den Köpfen unserer Verkaufsmitarbeiter!« Und wenn diese Hürde nicht mit Bravour gemeistert wird, wie sollen die Verkäufer dann ihre Hürde meistern und die Kunden überzeugen?

Tückisch dabei ist zudem, dass dieser Prozess der Verkäuferbegeisterung kein einmaliger ist. Die Begeisterung für die eigenen Produkte oder Dienstleistungen kann gewissen Schwankungen unterworfen sein. Das hängt damit zusammen, dass Verkäufer, die tagtäglich mit mehreren bis vielen Kunden zu tun haben, viel öfter hören, was alles nicht passt, dass alles viel zu teuer und außerdem bei der Konkurrenz viel besser ist, als positives Feedback. »Sie haben das beste Produkt am Markt und das noch dazu zu einem sensationellen Preis!«, wird kaum ein Kunde sagen, nicht einmal, wenn er es sich denkt (zumal er sich dadurch für etwaige Preisgespräche in eine ungünstige Ausgangslage manövrieren würde). Kritik geht Menschen eben leichter von den Lippen als Lob.

Um diese negative Gehirnwäsche seitens der Kunden, der Medien und des Marktes auszugleichen, müsste ein ebenbürtiges Maß an positiven Impulsen (besser noch ein Übermaß) gesetzt werden. Das passiert auch, oft im Rahmen von Meetings, Rundschreiben oder Firmenveranstaltungen, aber viel zu selten. Und dass der Team- oder Verkaufsleiter zweimal am Tag all seine Verkäufer »aufpumpt«, sodass sie wieder die nötige Begeisterung und Energie für den Verkauf und ihr Angebot mitbringen, stellt sich in der Praxis als ebenso schwierig dar, wie es klingt.

Diese Begeisterung muss daher an der Basis entstehen. Auf dieser Ebene der Pyramide damit zu beginnen, wäre zu oberflächlich, zu kurzfristig, zu wenig nachhaltig. Menschen sind von einem Unternehmen und damit meist auch von dessen Angebot begeistert, wenn sie sein Tun für sinnvoll erachten, wenn die Führungskräfte bis hinauf zur Geschäftsleitung Wein predigen und Wein trinken (das ist wesentlich schmackhafter als die Variante mit dem Wasser), wenn das Unternehmen Ziele oder Visionen verfolgt, die die Mitarbeiter als ihre eigenen sehen. Man merkt daran, wie immens wichtig die ersten Ebenen der Pyramide sind, weil diese bis nach ganz oben wirken.

Nicht das einzige, aber in vielen Branchen doch symptomatisches Merkmal dafür ist die Verwendung der unternehmenseigenen Produkte. Verwenden die Verkäufer das, was sie verkaufen, selbst? Natürlich ist das bei manchen Produkten schwierig. Wenn ein Verkäufer Mähdrescher verkauft und keine Landwirtschaft besitzt, sei es ihm nachgesehen, wenn er doch lieber mit dem Pkw zum Einkaufen fährt. Ich erlebe aber Autoverkäufer der Marke X, die privat bevorzugt Marke Y fahren. In meiner Zeit in der Autoindustrie haben wir mehrmals im Jahr die Anzahl der Fremdmarken am firmeneigenen Parkplatz gezählt. Der Anteil war nicht unerheblich. Es hat sich zwar in diesem Fall mehrheitlich um Mitarbeiter eines Werkes gehandelt, keine Verkäufer also, aber auch diese haben jede Menge Kontakte mit potenziellen Kunden. Nachbarn, Freunde, Postboten. Was denken die wohl, wenn sie wissen, dass diese Person bei X arbeitet, aber Y fährt? Genau. Der wird schon wissen, warum.

Ebene 9 – Persönlicher Verkauf

Jetzt erst, als letztes Level unserer Pyramide, kommt der persönliche Verkauf – die Strategien und Prozesse im persönlichen Kundenkontakt. Wenn Sie mich vor zehn Jahren gefragt hätten, hätte ich den persönlichen Verkauf viel weiter unten in der Pyramide angesiedelt. Doch in den letzten Jahren hat sich viel verändert. Neue Technologien haben Verkauf und Marketing massiv beeinflusst. Ein Umdenken hat stattgefunden, auch bei mir. Doch verstehen Sie mich nicht falsch: Die Art, wie mit Kunden kommuniziert wird, ist deshalb nicht unwichtig geworden. Sie hat nach wie vor einen erheblichen Einfluss auf den Vertriebserfolg, auf die Erzielung hoher Umsätze und, noch wichtiger, hoher Preise und Deckungsbeiträge.

Die Bedeutung und der Einfluss des persönlichen Verkaufsgespräches, speziell auf den erzielten Preis, hängen extrem stark davon ab, was sich auf den darunterliegenden Ebenen abspielt oder eben nicht abspielt. Wenn diese eher schwach sind, hängt sehr vieles, manchmal fast alles am Verkaufsgespräch. Bei starken unteren Ebenen, wie wir sie im Markenartikelbereich typischerweise finden, ist das Verkaufsgespräch selbst weniger wichtig für den Preis, da dieser sehr stark von der Marke und vom Produkt definiert wird.

Weniger wichtig heißt allerdings nicht: unwichtig. Auch diese Stufe trägt wesentlich zum Deckungsbeitrag bei. Durch ein exzellentes Verkaufsgespräch werden Sie bei vergleichbaren Produkten oder Leistungen zwar wahrscheinlich keinen doppelt so hohen Preis erzielen (was durch exzellente Produkte durchaus machbar ist). 1 bis 10% mehr jedoch sind, je nach Branche, allemal durch das Verkaufsgespräch bzw. die Preisverhandlung, so es zu einer solchen kommt, erzielbar. In vielen Branchen auch (sehr viel) mehr. Erst kürzlich habe ich einen Verkäufer im landwirtschaftlichen Bereich kennengelernt, der bei vergleichbaren Umsätzen den doppelten Deckungsbeitrag seiner Kollegen erwirtschaftete. Mit denselben Produkten. Erstaunlich.

In der Praxis ist es oft schwer bis unmöglich, den Einfluss des Verkaufsgespräches von den Einflüssen, die die übrigen Ebenen auf das Vertriebsergebnis und den erzielten Preis ausüben, zu trennen. Was trägt das Produkt bei, wie viel die Werbung, was der Verkäufer?

Traditionell gibt es allerdings Branchen, in denen die Bedeutung von Preisverhandlungen stärker ist. Im B2B-Bereich etwa, wird meistens viel mehr verhandelt als im B2C-Bereich. Preise werden oft projekt- oder auch kundenspezifisch kalkuliert (und bisweilen eher gewürfelt). Je nach Vertriebsstruktur wird über den Preis des Produktes selbst, wie z.b. bei Verbrauchsmaterialien für einen Produktionsbetrieb, oder aber über Konditionen und Boni, wie in Großhandel-/-Hersteller- und Einzelhandelsbeziehungen, heiß diskutiert. Allerdings gibt es Endverbraucherprodukte und Dienstleistungen, bei deren Kauf viel verhandelt wird und das Verkaufsgespräch den Preis sehr stark beeinflusst. Bei Autos – einer diesbezüglich durch und durch verdorbenen Branche – etwa geht es immer auch um Rabatte. Immobilienpreise werden im Dreieck Verkäufer – Makler – Käufer auf dem Verhandlungsweg gefunden, wobei es hier, wie ich aus eigener Erfahrung weiß, manchmal zugeht wie auf dem Bazar. Gerade bei Immobilien werden aufgrund des hohen Absolutbetrages ernsthafte Summen, oft ein paar 10.000 Euro im Privatimmobilienbereich, auf dem Verhandlungsweg gewonnen oder verloren.

Zusammengefasst heißt das: Der persönliche Verkauf, die Kommunikationstechniken und Strategien sind sehr wichtig, aber eben nicht das Wichtigste. Auch nicht das Dringendste übrigens. Machen Sie sich keinen Kopf um die Verkaufsgesprächsführung Ihrer Vertriebsorganisation, solange Sie auf einer der unteren Stufen die wesentlichen Aufgaben noch nicht wirklich erledigt haben. Sonst könnte es passieren, dass Sie ein Haus bauen, ein Dach draufsetzen und dann mitverfolgen müssen, wie das Ganze in sich zusammenbricht, weil die Grundmauern nicht tragfähig waren. Noch schlimmer, als nichts zu verkaufen, ist es nämlich, viel von einem schlechten Produkt zu verkaufen. Im ersten Fall haben Sie nur keinen Umsatz. Im zweiten Fall haben Sie zwar Umsatz, den Sie aber durch hohe Rücknahme- oder Fehlerbehebungskosten wieder einbüßen (manchmal mehr als das), und die schlechte Nachrede obendrein. Sie erinnern sich. Kritik wird sehr viel leichter geäußert als Lob.

Alle Bälle in der Luft halten

Alles in allem bedeutet das, dass jenes Unternehmen die höchsten Preise und besten Deckungsbeiträge erzielt, das es schafft, auf allen Levels professionell zu agieren. Idealerweise gleichzeitig. Das ist ein wenig wie Jonglieren mit vielen Bällen, wobei alle ständig in Bewegung sind. Die Schwerkraft sorgt dafür, dass ein Ball sofort zu Boden fällt, wenn wir ihm nicht die nötige Aufmerksamkeit und Energie widmen. Auch die Aktivitäten auf den Levels der Wertpyramide sind niemals für die Ewigkeit. Wir müssen beständig daran arbeiten und auf den einzelnen Stufen immer wieder überprüfen, finetunen, optimieren, erneuern oder diese grundlegend neu aufsetzen.

Auch das Geschäftsmodell und die Positionierung sind nicht für ewige Zeiten in Stein gemeißelt. Nur weil Sie heute Friseur sind, heißt das nicht, dass Sie nicht morgen auch Nageldesign machen und in einem Jahr Tattoos ins Sortiment aufnehmen. Es gibt noch wesentlich radikalere Veränderungen auf dieser Ebene. *Nokia*, der ehemalige Weltmarktführer bei Mobiltelefonen, hatte Gummistiefel produziert, bevor das Unternehmen sich dem offenbar wesentlich spannenderen Mobiltelefongeschäft zuwandte. Selbst wenn es meist nicht so radikaler Änderungen bedarf, so weiß jeder, den es betrifft, dass eine gute Positionierung ein beständiges Feinschleifen ist. Es kann bisweilen Jahre dauern, bis der Punkt erreicht ist, wo man sagen könnte, dass sie weitgehend passt.

Diese beständigen Veränderungen, das beständige Daran-Arbeiten wird durch permanente Veränderungen im Umfeld erforderlich. Getrieben durch rasante technologische Neuerungen sind Märkte heute dynamischer denn je. Heute der Highflyer, morgen schon von gestern. Aufstiege und Abstiege können sich je nach Branche binnen Monaten vollziehen. Abstiege oft noch schneller als Aufstiege.

Die Wertpyramide für Selbstständige/ Ein-Personen-Unternehmen

Abb. 5: Wertpyramide für Selbstständige

Besonders schwierig ist das Jonglieren mit allen Bällen natürlich für Klein- und Kleinstunternehmern, im Extremfall Ein-Personen-Unternehmen. Diese stellen aber die große zahlenmäßige Mehrheit an Firmen dar. Es gibt keine Marketingabteilung, keinen Vertrieb, keine Produktentwicklung. Es gibt den Unternehmer oder die Unternehmerin, die das alles machen und zusätzlich, wie es bei vielen Dienstleistern der Fall ist, diejenigen sind, die die Leistung erbringen. Rechtsanwälte, Trainer, Coachs, Unternehmensberater, Grafiker, Fotografen zum Beispiel – klassische selbstständige Dienstleister.

Daher sieht die Wertpyramide für solche Unternehmen, bei denen die Person des Unternehmers alle diese Rollen ausfüllt, anders aus. Die meisten Ebenen sind zwar inhaltlich gleich, verschieben sich aber. Ihr Einfluss auf die Höhe des erzielbaren Preises und Deckungsbeitrages ist eine andere. Die Person selbst wird zum grundlegenden und wesentlichsten Faktor für die Höhe des Preises bzw. des Honorars (weil in diesen Bereich sehr viele Betätigungen fallen, in denen Honorare üblich sind).

Das, was vorhin bei der Wertpyramide für Unternehmen bezüglich der handelnden Personen, der Verkäufer und Führungskräfte, gesagt wurde, gilt hier sinngemäß. Allerdings noch im verstärkten Ausmaß. Besonders, wenn es um Dienstleistungen geht, die vom Unternehmer selbst erbracht werden (daher macht der Begriff Selbstständiger viel Sinn). Man verkauft kein Produkt, man ist das Produkt! Dienstleister und Dienstleistung sind in vielen Fällen – wie z.b. beim Berater, Trainer oder Coach – fast untrennbar miteinander verbunden. Menschen, die in einem derartigen Beruf tätig sind, bestätigen mir oft, dass sie es als viel schwieriger empfinden, die eigene Dienstleistung zu verkaufen als ein Produkt oder die Dienstleistung eines anderen.

Der Selbstwert des Dienstleisters spielt dabei eine wesentliche Rolle. Da die Person und ihre Leistung, wie gesagt, schwer voneinander zu trennen sind und als eine Einheit empfunden werden, schlägt der Selbstwert stark auf den erzielbaren Preis durch. Verkauft jemand ein gutes Produkt, heißt es: »Das Produkt ist gut!« Erbringt ein Berater aber eine gute Leistung sagt man: »Er ist gut!« Die Gleichung ist einfach und lautet: Selbstwert = Marktwert = Preis. Das ist perfekt für den Preis, wenn der Selbstwert hoch ist. Ein zu geringer Selbstwert ist allerdings im geschäftlichen Bereich eine weit verbreitete Seuche, wie ich aus meiner Beratungspraxis weiß.

Viele haben Probleme damit, mehr als einen bestimmten, oft viel zu niedrigen Betrag zu verlangen, weil sie das Gefühl haben, nicht mehr »wert zu sein«. Und das, obwohl Kunden oder Außenstehende generell das bisweilen ganz anders sehen. Der Weg zur Durchsetzung höherer Preise bzw.

Honorare und zur Erzielung eines vernünftigen Gesamteinkommens führt daher besonders bei selbstständigen Dienstleistern oft über eine Steigerung des Selbstwertes. Und das ist wesentlich komplexer, als den Preis eines Produktes nach oben anzupassen.

Ein zweiter Grund dafür, dass es als schwieriger erachtet wird, die eigene Leistung zu verkaufen als ein Produkt, ist vielleicht auch der, dass wir in der westlichen Kultur von klein auf eingetrichtert bekommen haben, dass es sich nicht gehört, sich selbst zu loben. Gleichzeitig ist es aber eine Grundstrategie im Verkauf, das eigene Angebot anzupreisen. »Mein Produkt ist toll!«, geht viel leichter von den Lippen (wenngleich selbst das vielen schwer genug fällt) als: »Ich bin toll!«

Deshalb also ist für selbstständige Dienstleister die Bedeutung ihrer eigenen Person für das erzielbare Honorar so ausschlaggebend.

Kapitel 8: Wilde Ideen für Unternehmer und Unternehmen

Bei der Recherche für das Buch habe ich einige ungewöhnliche, spannende und kreative Preisstrategien in der Praxis entdeckt. Wie wäre es mit einem Romantik-Dinner-Abo, mit neue Brüsten zum Monatstarif oder auch mit einer Garantie für die Haltbarkeit einer Ehe? Interessanterweise würden diese drei Beispiele sogar ein perfektes Kombi-Angebot abgeben. Ich habe Unternehmen gefunden, die es schaffen, sich darauf zu konzentrieren, den Wert zu steigern und sich weitgehend aus dem Rabattspiel herauszuhalten. Ich habe über Unternehmer geschrieben, die bereit sind, neue, unorthodoxe Vorgehensweisen auszuprobieren, manchmal mit wirtschaftlichem Erfolg, ein andermal nur um eine Erfahrung reicher. Einige davon finden Sie in diesem Kapitel wieder.

Dennoch glaube ich, dass es viel mehr gibt, das darauf wartet, versucht und umgesetzt zu werden. Immer noch machen weite Bereiche der Wirtschaft zu viel vom Bekannten, Erprobten und zu wenig vom Neuen, vom Anderen. Und dieses Vorgehen kann, wenn es im Sinne der Evolutionsstufe drei, der Optimierer, gemacht wird, durchaus profitabel sein. Aber bisweilen finde ich es zumindest etwas langweilig und vor allem könnte etwas Anderes noch besser funktionieren. Wir betreten hier meistens die Evolutionsstufen 4 und 5, wo ja Möglichkeiten für höhere Profite winken. Ungewöhnliche Ideen und Zugänge entziehen sich oft dem direkten Preisvergleich seitens des Kunden, was Ihre Chancen auf höhere Deckungsbeiträge ebenso verbessert.

In diesem Sinne habe ich dieses Kapitel »Wilde Ideen für Unternehmer und Unternehmen« (kleine wie große) genannt, um Ihre Neugierde zu wecken und Ideen in den Raum zu stellen, die vielleicht noch darauf warten, umgesetzt zu werden. Möglicherweise von Ihnen? Wenn Sie dabei etwas entdecken, das schon jemand umsetzt, freue ich mich davon zu erfahren und umso mehr, wenn Sie das selbst sind. Schicken Sie mir eine Mail an *rk@romankmenta.com*. Einige dieser Konzepte sind nicht grundlegend neu, aber sie haben noch ungenutztes Potenzial. Sie werden vielleicht in einem Bereich erfolgreich eingesetzt, wurden aber in einer anderen Branche noch nie erprobt. Vielleicht weil sie praxisfern oder sogar unsinnig klingen. Beim ersten Hören zumindest. Oftmals sind gerade das die Ideen, die erst auf den zweiten Blick einen dritten wert sind und beim vierten plötzlich Potenzial entfalten, das wahrlich interessant ist. Wirkliche Neuerungen entstehen oft genau so.

Was ich Ihnen auf den nächsten Seiten beschreibe, sind Ideen zum Thema Preise, Preisstrategien und Wege, manchmal sogar so etwas wie kleine Geschäftsmodelle, um Ihre Deckungsbeiträge und Ihr Einkommen zu erhöhen. Tendenziell unausgegoren, noch weit entfernt von einem Businesskonzept und ohne jegliche Garantie, dass sie funktionieren. Sie werden sich beim Lesen fallweise denken: »Das geht doch gar nicht!« Ihnen werden vielleicht einhundert Gründe einfallen, warum das so nicht funktionieren kann und schon gar nicht in Ihrer Branche.

Vielleicht stimmen diese ja auch, aber behalten Sie Ihre Einwände noch für sich. Im Hinterkopf. Denken Sie an das zuvor erwähnte Disney-Modell und geben Sie dem einen oder anderen Gedanken eine Chance, bevor Sie ihn gleich ablehnen. Ob er in Ihrer Praxis funktionieren kann, weiß ich nicht. Das gilt es zu überlegen und auszuprobieren. Das wäre dann Ihr Part. Finden Sie es heraus und lassen Sie uns alle daran teilhaben. Schicken Sie mir Ihre Praxiserfahrungen per E-Mail an *rk@romankmenta.com*. Vielleicht ergibt sich daraus ein Blogbeitrag oder eine Story für das nächste Buch.

20 Varianten, Melonen zu bepreisen

Lassen Sie uns mit Melonenpreisen starten. Nicht, weil ich denke, dass viele von meinen Leserinnen und Lesern Melonen verkaufen, sondern als Aufwärmübung. Als Übung, die zeigt, wie eingleisig meist gedacht wird.

Nehmen wir an, wir würden Melonen verkaufen, auf einem Marktstand etwa. Typischerweise würden wir diese z.B. um 2,80 Euro pro Kilo auspreisen. Doch die Frage ist: Muss das so sein? Müssen Melonen zum üblichen Preis und pro Kilo angeboten werden? Natürlich nicht, um die Antwort gleich vorwegzunehmen. Ich habe für Sie zwanzig Alternativen gesammelt, wie wir unsere Melonen den Kunden anbieten könnten.

1. *Mengenabhängig:* Das ist eine relativ weitverbreitete Variante. Wer mehr abnimmt, bekommt einen besseren Preis.
2. *Preisaggressiv:* Natürlich könnten wir unsere Melonen knapp und preisaggressiv kalkulieren. Die Discountmelone sozusagen. Wie viel mehr müssten wir verkaufen (bei einem Einkaufspreis vom Großhändler um 1,50 Euro das Kilo), damit sich ein Spezialrabatt von 20% für uns bezahlt macht? Wenn Sie das herausfinden und sich die Sache nicht allzu schwierig machen wollen, holen Sie sich den Aktionsrechner im Download auf der Website zum Buch. [★]

3. *Superluxus:* Naturgemäß wird diese Preisstrategie im klassischen Luxusgüterbereich für Uhren, Schmuck, Autos, Kleidung etc. oft verwendet. Ginge das auch für Melonen? In Japan wird genau das gemacht. Für handverlesene Wassermelonen werden ein paar Tausend Euro pro Stück verlangt und bezahlt (wie schon früher im Buch erwähnt) [★].

4. *Gratis:* Diese Strategie ist z.B. im Mobiltelefonmarkt sehr verbreitet. Die entscheidende Frage lautet: »Wenn der Kunde nicht zahlt, wer zahlt dann?« Bzw.: »Wenn der Kunde nicht gleich für die Melonen zahlt, wann oder wo zahlt er dann?« Beim Mobiltelefon wird über Jahre hinweg das Gerät selbst über die monatlichen Gebühren refinanziert.

5. *Börse:* Waren, die an Börsen notieren, verändern ihre Preise laufend abhängig von Angebot und Nachfrage. Das gibt es nicht nur für Aktien oder Rohstoffe. Im Prinzip ist das Konzept für alle möglichen Bereiche einsetzbar. Es gibt Software (Bierbörse), die die Preise für Getränke in einem Lokal steuert. Den Link zum gratis Download dazu finden Sie auf der Website zum Buch. [★] Diese Software könnten wir z.B. auch für unsere Melonenpreise nutzen und so im Minuten- oder Stundentakt einen Melonenpreis anbieten, der sich aus Angebot und Nachfrage ergibt.

6. *Stabil oder wechselnd:* Bei Tankstellen z.B. ist es üblich, dass sich die Preise oft ändern (wenngleich inzwischen in Österreich gesetzlichen Beschränkungen unterworfen). Das Konzept ist natürlich auch für andere Branchen denkbar. Genau so könnte ein Tankstellenbesitzer sich mit stabilen (soweit machbar) Preisen positionieren. Wer sagt, dass unsere Melonen immer gleich viel kosten müssen?

7. *Fix oder verhandelbar:* Beim Autokauf würde niemand auf die Idee kommen, nicht zu verhandeln. In

manchen anderen Branchen ist das weniger angesagt. Wird auf unserem Marktstand über Melonenpreise verhandelt? Wir könnten Kunden auffordern, genau das zu tun (wie es auch in der berühmten Marktszene im Film Monty Pythons »Das Leben des Brian« gemacht wird [★]). Wenn unsere Kunden aber ohnehin immer verhandeln wollen, könnten wir unsere Preise bewusst als fix auszeichnen.

8. *Kundenabhängig:* Ein Optiker hat damit geworben, den Preis der Brille vom Alter des Kunden abhängig zu machen. [★] Je älter, desto höher der Rabatt. Das fällt auf. Fluglinien überlegen, die Ticketpreise vom Gewicht des Passagiers abhängig zu machen. *Samoa Air* macht genau das. [★] Welche Kriterien könnten wir für die Melonen heranziehen?

9. *Wetterabhängig: Hartlauer* (eine österreichische Elektronikkette) warb mehrmals damit, den halben Kaufpreis für Weihnachtseinkäufe [★] rückzuerstatten, wenn es zu Weihnachten schneit. Ob es funktioniert und ob es sich lohnt, hängt stark vom Wetter ab, in den Medien ist die Firma damit jedoch zuverlässig jedes Jahr. Bei schlechtem Wetter werden, so vermute ich, weniger Melonen gekauft. Daher könnten wir Schlechtwetterpreise für Melonen machen.

10. *Last Minute:* Last Minute ist z.B. in der Reisebranche eine übliche Strategie. In welcher Form könnten kurzfristige Käufe bei unseren Melonen eine Rolle spielen? Was nicht verkauft wird, wird vielleicht kaputt. Daher könnten wir überlegen, unsere Melonen, knapp vor Ladenschluss zu einem »Nimm-2-zahl-1«-Tarif anzubieten. Aber Achtung! Vielleicht erziehen wir so unsere Kunden dazu, immer erst auf den letzten Drücker zu kaufen.

11. *Frühbucher:* Die gegenteilige Strategie ist, Kunden, die sehr frühzeitig kaufen, zu belohnen. »Ein Apfel

gratis zu jeder Melone«, könnte das etwa bedeuten. Auch andere Paketdeals wären denkbar, um einen Anreiz zu setzen, sich schon früh am Tag oder gar in der Saison zu entscheiden. Oder, wir sortieren die schönsten und größten Melonen auf einem separaten Tisch. Diese sind den ersten Kunden an jedem Markttag vorbehalten.

12. *Kunde wählt Preis selbst:* Diese Strategie ist extrem, wird aber fallweise angewandt. Bei Dienstleistern, im Hotelgewerbe oder in der Gastronomie – häufig mit dem Feedback, dass dies von Kunden nur höchst selten ausgenutzt wird. Zumeist werden vernünftige bis durchschnittliche Preise bezahlt, bisweilen überdurchschnittlich. Was, wenn wir unsere Melonen so auspreisen? Die Kunden wären sicher überrascht, manche irritiert und überfordert. Ich denke, wir würden teilweise viel zu wenig erhalten, und von anderen viel mehr, als wir verlangt hätten. Das kann damit zusammenhängen, ob der Kunde überhaupt eine Idee von den aktuellen Melonenpreisen hat. Ich hätte diese nicht.

13. *Mikromengen oder Makromengen: Nespresso* ist höchst erfolgreich damit, Kaffee in Mikromengen anzubieten, und erzielt so Preise von über 60 Euro pro Kilo, während es ansonsten ein Kilogramm »vernünftigen« Kaffees so um die 10 Euro zu kaufen gibt. Andere wiederum stimmen ihre Preise auf Großmengen ab. Wir könnten beide Strategien einsetzen. Auf ein Tablett kleine Schnitten von Melonen mundgerecht vorbereitet, vielleicht auf einem kleinen Pappteller, als Take-Away-Snack um 2 Euro pro Schnitte (was vielleicht einem Kilopreis von 10 Euro entspräche). Andererseits können wir parallel dazu spezielle Angebote für Großabnehmer ab zwei oder mehr Melonen machen.

14. *Preise abnehmend mit abnehmender Auswahl:* Diese Strategie wurde eine Zeit lang von einem Restpostenverkäufer im Sportartikelbereich betrieben und funktioniert folgendermaßen: Das Produktsortiment ist mengenmäßig fixiert. Es gibt das, was da ist. Alle Produkte sind ausgepreist. Allerdings gibt es einen Rabatt auf das gesamte Sortiment. Dieser Rabattsatz steigt Woche für Woche, oder sogar Tag für Tag. Gleichzeitig wird aber die Auswahl durch den Abverkauf geringer. Der Kunde muss sich entscheiden, ob er früher mit weniger Rabatt kauft, oder auf einen niedrigeren Preis wartet und riskiert, dass sein Produkt der Wahl nicht mehr vorrätig ist. Bei unseren Melonen wäre das wohl ein Preis, der stündlich nach unten geht. Eine Variante des Last-minute-Preises, die allerdings viel spannender ist und den Spieltrieb der Kunden anregt.

15. *Zufallsabhängig:* Wir könnten aber auch den Zufall darüber entscheiden lassen, wie viel ein Kunde für eine Melone zahlt. Sogar ob er überhaupt etwas bezahlt, könnte eine Option darstellen. Wir bauen neben der Kassa ein Glücksrad mit Preisen zwischen 0 und 5 Euro pro Kilo auf. Wenn der Kunde Glück hat, bezahlt er nichts, wenn er kein so gutes Händchen beim Drehen hat, vielleicht sogar mehr als den marktüblichen Preis.

16. *Mitwirkungsabhängig – Do it yourself: Ikea* hat diese Preisstrategie perfektioniert. Der Kunde sucht aus, transportiert und baut auf und kauft dafür zu einem sehr günstigen Preis. Das könnten wir auch für unsere Melonen umsetzen. Der Kunde muss sie selbst am Feld abholen und ernten. Bei Erdbeeren und Blumen etwa ist das eine Strategie, die sich in den letzten Jahren stark verbreitet hat. In der Nähe von Wien gibt es einen Pop-up-Acker, auf dem die Kunden ihr Gemüse bzw. Kräuter selbst ernten können. [★]Auch das

genaue Gegenteil ist vorstellbar: Dem Kunden wird jeder erdenkliche Handgriff abgenommen und der Preis ist entsprechend hoch. Wir liefern die Melonen direkt zum Kunden nach Hause, ganz nach Wunsch verpackt, portioniert oder sogar zubereitet und verarbeitet.

17. *Abonnement:* Abonnements sind für manche Produkte die Standard-Angebots- und Preisstrategie, lassen sich aber durchaus auch in Branchen einsetzen, in denen Abos unüblich sind. Umgelegt auf unseren Melonenverkauf hieße das z.b. ein Melonenabo anzubieten, bei dem wir eine herrlich frische Melone jede Woche frei Haus liefern. Dazu später weitere spannende Ideen.

18. *Versteigerung:* Viele Produkte und Dienstleistungen werden üblicherweise versteigert. Ebay zeigt, dass diese Strategie für fast alles einsetzbar ist. Auf Lebensmittelmärkten wird sie im Großhandel für gewerbliche Kunden bisweilen angewandt. Wir mutieren also vom Melonenverkäufern zu Auktionatoren und unser Marktstand wird zu Bühne. Los geht es! 1. ... 2. ... 3. ...! Ebenso eine Preisstrategie, die als Nebeneffekt eine Menge Aufmerksamkeit bringt.

19. *Pro Stück statt pro Kilo:* Statt dem Kilopreis könnten wir die Melonen zum Stückpreis anschreiben. Möglicherweise werden wir dadurch weniger vergleichbar zu den anderen Melonenanbietern am Markt und können vielleicht sogar höhere Preise erzielen.

20. *Kunde erhält Geld:* Wenn wir uns wirklich fordern wollen, könnten wir zu guter Letzt darüber nachdenken, wie wir es angehen müssten, damit der Kunde Geld dafür bekommt, dass er unsere Melonen konsumiert. Doch dafür habe ich spontan noch keine Lösung parat. Wenn Sie eine haben, dann senden Sie mir eine E-Mail.

Ich hoffe Sie haben Appetit bekommen. Wenn schon nicht auf eine saftige Melone, dann zumindest auf mehr ungewöhnliche Ideen oder neue Konzepte für Ihr Geschäft.

Werte erhöhen oder Preise kleiner wirken lassen

Im Folgenden werden wir uns ein paar unserer Preisstrategien bzw. Geschäftsmodelle für Melonen genauer ansehen und auf ihr geschäftliches Potenzial in anderen Branchen und Anwendungsbereichen abklopfen. Darüber hinaus werden wir ein paar Ideen wälzen, die wir bei den Melonen noch gar nicht in Betracht gezogen haben. Es gibt ein paar grundlegende Modelle bzw. Gedankengänge, anhand derer ich Beispiele bringe und Sie über Ihr Geschäft nachdenken können. Ich habe einige, aber beileibe nicht alle ausgewählt, die ich besonders interessant finde. Sie werden feststellen, dass die Übergänge zwischen den einzelnen Modellen oft fließend sind. Letztlich ist es egal, welchem Modell eine Idee entspringt. Hauptsache sie funktioniert.

Alle Modelle basieren im Grunde auf der eingangs beschriebenen Idee der Preis/Wert-Waage. Diese können Sie als Verkäufer zu Ihren Gunsten beeinflussen, indem Sie den Wert erhöhen bzw. höher scheinen lassen (zumal der Wert wie besprochen ohnehin nur ein Gedankenkonstrukt im Kopf Ihres Kunden ist). Oder aber Sie können den Preis kleiner wirken lassen, was sehr viel mit preispsychologischen Wirkmechanismen zu tun hat. Diesen Beispielen werde ich in diesem Buch mehr Platz widmen. Der banalen Variante, den Preis tatsächlich zu senken, brauche ich hier, denke ich, keinen Platz zu widmen. Das schaffen Sie so auch.

Modell 1: Wert erhöhen durch Qualität

Wert erhöhen können wir auf sehr viele Arten. An jedem Touchpoint zu Ihren potenziellen Kunden wird Wert aufgebaut oder vernichtet. Genauso sind alle Ebenen der Pyramide betroffen. Das Thema gäbe genug her für ein separates Buch. Doch lassen Sie mich anhand eines sehr speziellen Beispiels illustrieren, wie sich der Aufbau von Wert ganz traditionell, einfach durch den Fokus auf Qualität, funktionieren kann. Und lassen Sie sich überraschen, wie sehr sich das auf Preise und Gewinne auswirkt.

Es geht um ein Burgerlokal in Rotterdam, das *Ter Marsch & Co* [★], das 2013 eher zum Zeitvertreib von vier Investoren bzw. Betreibern eröffnet wurde. Sie setzten voll auf Qualität. Dem Mitbewerb zu *McDonalds* oder *Burgerking* wollten sie sich nicht aussetzen. Billiger sein zu wollen als die Großen und dann noch Gewinn zu erzielen, ist eine Strategie, die oft von Beginn an zum Scheitern verurteilt ist. Stattdessen entwickelten die Betreiber spezielle Rezepte basierend auf den hochwertigsten Zutaten. Die Strategie ging auf. Noch im selben Jahr wurde ein Burger von *Ter Marsch* zum besten Rotterdams gekürt, 2015 zum besten von ganz Holland. Die Umsätze explodierten. Potenzielle Kunden standen und stehen Schlange und warten geduldig bis zu einer Stunde auf einen der heiß begehrten Plätze. Und das obwohl die Burger in einer Preislage von 15 Euro liegen, was sich mehr als positiv auf den Gewinn auswirkt. Dieser liegt beim Zwei- bis Dreifachen des branchenüblichen.

Bei einem angesagten Mehr-Hauben-Gastrotempel würde das vielleicht weniger überraschen (wenngleich auch dort sicher nicht alles Gold ist, was glänzt). Aber wir sprechen von einem Fast-Food-Lokal (im besten Sinnes des Wortes: Man erhält sein Essen rasch). Das Beispiel illustriert – als eines von vielen – wie sehr sich eine Wertsteigerungsstrategie bezahlt machen kann. Und alle Burgerliebhaber unter

Ihnen sollten dem Lokal unbedingt einen Besuch abstatten, wenn es Sie nach Rotterdam verschlägt.

Modell 2: Einmaliger Verkauf – ewiger Umsatz

Das Abonnement ist ein Geschäftsmodell, das in einigen Branchen den Standard darstellt. Zeitung und Zeitschriften z.B. agieren so. Beim klassischen Abo wird ein Produkt oder eine Leistung zu vorhergeplanten Terminen geliefert. Täglich, wöchentlich, monatlich. Genau genommen etwas anderes, aber praktisch betrachtet doch etwas sehr Ähnliches, sind Verträge mit sehr langer oder sogar unbegrenzter Laufzeit. Ein Vertrag mit einem Pay-TV-Sender etwa, einem Versicherer oder einem Mobilfunkanbieter läuft meist ewig, wenn er nicht gekündigt wird. Hier wird die Leistung, etwas anders als beim klassischen Abo, permanent auf Abruf zur Verfügung gestellt.

Verkäuferisch betrachtet sind beide Varianten bestechend. Dem einmaligen Verkaufsaufwand steht ein potenziell unendlicher, aber meist zumindest langjähriger Umsatz gegenüber. Das Einzige, was zu tun ist: regelmäßig eine überzeugende Leistung bzw. ein exzellentes Produkt abzuliefern und den Kunden so bei der Stange zu halten. Die Erfahrung zeigt, dass selbst wenn ein Kunde eine Leistung nicht mehr kaufen würde, einen Vertrag mit einem Anbieter nicht mehr abschließen würde, er dennoch den Vertrag oder das Abo nicht unbedingt kündigt. Der Aufwand ist zu groß, es erscheint zu mühsam oder bringt andere Nachteile mit sich. In manchen Beziehungen soll es ja ähnlich sein. Ganz nach dem Motto: Heiraten würde ich den im Leben nicht mehr, aber wo ich ihn schon mal habe ...

Das Modell lässt sich natürlich optimal bei regelmäßig wiederkehrenden bzw. andauernden Leistungen einsetzen. Eine spannende und profitable Idee kann es aber sein, den Abo-Gedanken auch auf Produkte oder Dienstleistungen anzuwenden bzw. auszudehnen, bei denen er bisher nicht üblich war.

Überall dort etwa, wo regelmäßige Wartungen durchzuführen sind, könnten Sie diese auch als Abo anbieten. Das hat den unbezahlbaren Vorteil, dass die Entscheidung des Kunden, wo er die Wartung durchführen lässt, vorweggenommen wird. Speziell bei Kunden mit geringer emotionaler Bindung zu einem Anbieter oder bei Geräten, die von unterschiedlichen Dienstleistern gewartet werden können, kann sich diese Marketing- und Preisstrategie sehr positiv auf Umsätze und Gewinne auswirken. Je nach Branche und Leistung kann sich das Angebot auf eine bestimmte Anzahl beziehen – z.b. jeden Tag eine Zeitung. In anderen Fällen ist aber auch ein »All in«-Preisangebot denkbar.

In manchen Bereichen gibt es solche Angebote bereits (das kann bei den nachfolgend angeführten ebenso der Fall sein), aber man findet sie eher selten. So sind Wartungsverträge für Gasthermen keine neue Erfindung, dennoch wurde mir in den unterschiedlichsten Immobilien, die ich bewohnt habe oder besitze, noch nie einer angeboten. In diesen Fällen könnte dieses Kapitel bei Ihnen eine »Stimmt, das gibt es, das macht Sinn und wir sollten das endlich umsetzen«-Reaktion auslösen.

In anderen Fällen handelt es sich vielleicht wirklich um eine wilde, noch nicht getestete Idee.

Lassen Sie uns das Thema Abo doch einmal ergründen und für einige Branchen andenken.

- ■ *Buchhandel: Amazon* bietet über seine Tochter *Audible* [★] Hörbuchabos an. Um 9,95 Euro pro Monat können die Kunden sich ein Hörbuch der Wahl downloaden. Mit dem Angebot Kindle Unlimited [★] geht *Amazon* noch einen Schritt weiter und bietet über eine Million E-Books und 2.000 Hörbücher zu einer »All-You-Can-Read-Pauschale« von 9,99 Euro pro Monat. Was kann der traditionelle Buchhandel in diesem Bereich bieten? Natürlich hat er größenbedingt nicht die Möglichkeiten des Riesen *Amazon*. Vielleicht schlummern aber Ideen, die, gerade weil ein Unternehmen klein ist, leichter umgesetzt werden können.

■ *Friseur:* Zum Friseur gehen interessanterweise viele Menschen nie, wie meine Recherche ergeben hat. Das erstaunte mich einigermaßen. Diejenigen, die gehen, suchen ihn aber relativ regelmäßig auf. Männer, wegen der Kurzhaarfrisur öfter als Frauen. Bei Frauen ist die Bindung zum Friseur stärker als bei Männern. Kaum eine Frau würde je den Friseur wechseln, wenn sie einmal einen gefunden hat, mit dem sie zufrieden ist. Männer sind in diesem Punkt oft flexibler (über Gründe dafür mag man rätseln). Ich selbst gehe zwar immer wieder zum selben Friseur, aber, wenn es die zeitlichen oder örtlichen Umstände erfordern, auch jederzeit zu einem anderen.

Ein Abo könnte als Zehnerblock (was eigentlich kein wirkliches Abo ist) oder z.B. als »Einmal alle zwei Monate«-Angebot gestaltet werden. Aber auch eine »All you want to cut«-Version wäre denkbar. Letztlich eine Frage der Kalkulation. Dabei ist überlegenswert, welche Dienstleistungen inkludiert sind? Nur das Schneiden oder auch Waschen und Föhnen (das müsste vermutlich deutlich mehr kosten)? Wenn ich von mir selbst ausgehe, würde ein Abo in der »All you want to cut«-Variante sicher dazu führen, dass ich öfter und regelmäßiger zum Friseur gehe. Insgesamt wäre ich sicher bereit, dafür mehr pro Jahr auszugeben als bisher. Für den Friseur ergeben sich durch die

erhöhte Frequenz weitere Möglichkeiten zum Zusatzverkauf.

- *Restaurant:* Wie ist das mit Restaurants? »All you can
eat«-Angebote sind bereits weit verbreitet. Wie wäre
es, dieses Angebot auf einen ganzen Monat oder ein
Jahr in Abo-Form zu erstrecken? So könnte z.b. ein
Mittagsmenü-Abo zu einem fixen monatlichen Preis
gestaltet werden. Der Gast darf die Leistung, so oft er
möchte, in Anspruch nehmen. Das könnte vor allem
dann Sinn machen, wenn die zwar schmackhafte, aber
vor allem rasche Nahrungsaufnahme im Vordergrund
steht. Auch für romantische Abendessen ist das Abo
bestens geeignet. Entweder für Menschen, die häufig
romantische Abendessen mit unterschiedlichen Part-
nern abhalten, oder es tun sich mehrere Restaurants
zusammen, sodass das Paar ausreichend Abwechslung
beim romantischen Dinner hat. Abgesehen vom Ro-
mantik-Dinner hätte das Abo den Vorteil, dass eine
Monatspauschale sich im Geschäft mit Firmenkunden
noch einfacher und mit weniger Administration (als
Essensmarken z.B.) umsetzen ließe.
Spannend (aber nicht einfach zu kalkulieren) wäre das
ultimative »All you can eat and drink«-Paket. Damit
kann der Kunde, wann immer er möchte, was immer
er möchte in diesem Restaurant konsumieren. Abgesehen davon, dass der Kunde in dem Fall ein Restaurant
wirklich sehr, sehr, sehr mögen müsste, würde dieses
Paket wahrscheinlich richtig Geld kosten. Aber selbst,
wenn wir es nie verkaufen würden ... in den Medien
wären wir damit allemal.
- *Autowäsche:* Die Autopflege ist ebenfalls etwas, was
sich sehr gut in verschiedenste Formen des Abos verpacken ließe. Ich muss gestehen, dass ich kein sehr eif-
riger Autowäscher bin. Ich hoffe stets auf den nächsten Regen. Wenn mir aber eine professionelle und

nette Verkäuferin an einer Tankstellenkasse so ein Auto-Wasch-Abo schmackhaft machen würde, könnte es gut sein, dass ich es in Anspruch nähme. Meinem Auto würde es guttun, der Tankstelle auch.

- *Auto:* Abgesehen von der Reinigung eines Autos ließe sich vielleicht auch die mechanische Wartung in eine Art Servicevertrag verpacken und das nicht nur im B2B-Geschäft, wie es beim Operational Leasing gemacht wird. Reifen müssen z.b. zweimal im Jahr gewechselt werden. Warum nicht ein Reifenabo basierend etwa auf gefahrenen Kilometern inkl. Reifenwechsel und -einlagerung kalkulieren und so den Kunden langfristig an die Werkstatt binden? So ein Angebot ist außerdem nicht mehr mit Preisen für einzelne Reifen vergleichbar.

- *Ärzte und artverwandte Dienstleistungen:* Unser Gesundheitssystem ist darauf ausgerichtet, kranke Menschen zu heilen. Wir gehen zum Arzt, wenn es irgendwo zwickt bzw. es einen akuten Notfall gibt. Klüger wäre es, regelmäßig zum Check-up zu gehen. Damit könnte so manches gesundheitliche Problem frühzeitig erkannt und verhindert werden. Wie heißt es so schön: Es gibt keine gesunden Menschen, sondern nur schlecht untersuchte.

Bei manchen Ärzten machen wir das traditionell eher so. Bei Zahnärzten z.b. hat sich die halbjährliche Kontrolle zumindest in Teilen der Bevölkerung durchgesetzt. Bei anderen Ärzten, trotz einiger Anläufe (noch) nicht.

Ein Abosystem könnte die Regelmäßigkeit und Konsequenz, mit der Menschen zum Check-up gehen, verstärken. Wenn das Geld vom Konto abgebucht wird, will man die Dienstleistung schließlich konsumieren. Eine zusätzliche Frage, die ich mir in diesem Zusammenhang stelle, ist: Von meiner Autowerkstätte erhalte ich zeitgerechte Hinweise, dass ein Service oder ein Reifenwechsel fällig ist. Warum hat sich diese Art des Kundenservice nicht auch schon bei Ärzten durchgesetzt? In Kombination mit einem Abosystem, das natürlich speziell für Nicht-Kassenärzte bzw. separat verrechenbare Dienstleistungen spannend ist, könnte das nicht nur zum Gewinn des Dienstleisters, sondern in diesem speziellen Fall auch zur Volksgesundheit einen wertvollen Beitrag leisten. Wie weit die Pflichtversicherungen allerdings den Mehraufwand durch so ein System mit dem volkswirtschaftlichen Nutzen gegenrechnen können bzw. wollen, bleibt fraglich.

- *Therapeuten und Coaches:* Auf Therapeuten und Coaches trifft sinngemäß Ähnliches zu wie auf Ärzte, wenngleich die Dienstleistung eine andere ist. In diesem Bereich gibt es geschäftlich betrachtet noch mehr Entwicklungspotenzial. Die Idee des mentalen Checkup ist noch gar nicht verbreitet. Aber warum nicht? Sollten wir dem Gehirn nicht zumindest die gleiche Fürsorge zukommen lassen wie den Zähnen? Zumal Letztere deutlich einfacher zu reparieren sind.

- *Berater und Trainer:* Für Berater eignet sich das Abo ebenso. Ein Jour fixe etwa im Falle von Unternehmensberatern. Jeden ersten Dienstag im Monat kommt der Berater ins Haus und es werden alle aktuellen Themen diskutiert.

Für Berater oder Trainer ergeben sich noch weitere Geschäftsmodelle, wenn wir den Abogedanken weiterverfolgen. So gibt es Experten, die ihr Know-how in Form einer Membership-Site zur Verfügung stellen. In diesem Mitgliederbereich gibt es im Idealfall jede Menge hilfreicher Informationen für die Zielgruppe, meist in Form von Videos, PDFs und Audios. Oft ergänzt durch Offline-Veranstaltungen, Webinare und Coaching-Calls über Skype oder Telefon. Es werden

(Jahres-)Mitgliedschaften angeboten. Und das kaufmännisch Erfreuliche und Elegante daran: Diese verlängern sich automatisch, so sie nicht gekündigt werden. Ein Branchenkollege, der eine solche Membership-Site betreibt, hat kürzlich berichtet, dass ca. 40% seiner Mitglieder Jahr für Jahr verlängern. Ein gutes Beispiel dafür, welches Potenzial der Abogedanke hat.

- *Floristen und Gärtner:* Vielleicht wäre die Scheidungsrate niedriger, wenn Floristen aktiv Abos für Blumensträuße anbieten würden. In dem Fall würde ich aber nicht die Lieferung frei Haus empfehlen. Das wäre für viele Frauen zu durchsichtig, zu geplant, zu organisiert, zu unpersönlich. Blumen sollen ja schließlich spontan geschenkt werden, weil Mann an die Liebste denkt. D.h. Abo verkaufen und in den vereinbarten Abständen SMS an den Auftraggeber, der den Strauß dann abholt und persönlich und ganz spontan übergibt.
- *Masseur, Fußpfleger und Co.:* Auch diese Dienstleistungen ließen sich perfekt in Abos verpacken. Das Resultat wäre wahrscheinlich, dass diese regelmäßiger und öfter konsumiert werden. Ein Vorteil für Kunden und Unternehmer.

Diese Sammlung von Ideen ließe sich natürlich für viele weitere Branchen fortsetzen. Wie sieht das in Ihrer Branche, in Ihrem Geschäft aus? Wo oder wie ließe sich die Abo-Idee, egal in welcher Form, umsetzen?

Modell 3: Zerteilen und verteilen

Ein weiteres Konzept, das sich auf viele Bereiche anwenden lässt, ist jenes, den Preis für ein Produkt über einen längeren Zahlungszeitraum zu verteilen und ihn so in kleine Einheiten herunterzubrechen. Der Nachteil dabei: Der psychologische Schmerz, der mit dem Ausgeben von Geld üblicherweise einhergeht, tritt statt einmal mehrere bis viele Male auf. Der Vorteil: Durch die vielen kleinen, statt dem einen großen Betrag wird das Produkt plötzlich (scheinbar) erschwinglicher. Und nicht nur das. Es wird sogar mehr ausgegeben. Man greift zum noch etwas höherpreisigen Produkt, da sich der Mehrpreis auf den Teilbetrag heruntergebrochen oft kaum merkbar auswirkt.

Das Konzept funktioniert. Sehr gut sogar. Das beweisen die Ratenkäufe von Elektro- und Haushaltsgeräten, das Autoleasing oder das Einfamilienhaus, das sehr oft in monatlichen Raten über 15 oder 20 Jahre hinweg abbezahlt wird. So gesehen ein alter Hut. Stimmt. Interessant kann es werden, wenn das Prinzip auf Branchen, Produkte oder Dienstleistungen angewandt wird, wo es bisher nicht zu finden ist. Besonders spannend natürlich im hochpreisigen Bereich. Gleichzeitig kann man es noch ausweiten und um zusätzliche Leistungen anreichern.

Wie könnte das z.B. aussehen?

■ *Maßschuhe und Maßkleidung:* Jeder, der schon einmal gute Maßkleidung getragen hat, weiß, dass diese die Wirkung einer Person enorm verbessern kann. Allerdings kostet ein Maßanzug 1.000 Euro und (viel) mehr und für einen guten Maßschuh ist mit ähnlichen Beträgen zu rechnen, wobei hier noch der Leisten als einmalige Investition hinzukommt. Alles in allem Beträge, bei denen viele schon zu überlegen beginnen. Was aber, wenn statt des Einmalbetrages nur eine Anzahlung kassiert und der Rest auf monatliche (oder jährliche) Beträge über z.B. zehn Jahre verteilt wird? Ein guter Maßanzug kann so lange halten, ein Maßschuh noch viel länger. Die jährliche Rate könnte noch mit einer zusätzlichen Dienstleistung verbunden werden, einer jährlichen Generalsanierung z.B. oder sogar mit einer Versicherung gegen Schäden jedweder Art. Damit könnte dem Kunden ein Top-Produkt im erstklassigen Zustand und das über viele Jahre hinweg garantiert werden.

Ertragsseitig betrachtet hätte der Verkäufer zwar anfangs weniger Deckungsbeitrag (wobei die Anzahlung zumindest die Kosten abdecken sollte). Insgesamt gesehen könnte aber so ein höherer Preis lukriert werden. Die Summe der Jahresbeträge wäre höher als der ursprüngliche Preis, vielleicht sogar deutlich. Und wenn Autos um nur »25 Euro pro Tag« beworben werden, warum dann nicht »Ihr Maßschuh um nur 10 Euro pro Monat«?

Im Falle von Maßkleidung könnte man das Herunterbrechen des Preises noch mit dem Abogedanken verbinden. Zum Beispiel könnten beim jährlichen Check-up für den Maßanzug oder des teuren Ballkleides kleine Reparaturen, bzw. kleine Anpassungen in der Weite (etwa bei Hosenbünden) inkludiert sein, was den Wert des Produktes weiter erhöht. Wenn man es schafft, diese Arbeiten in Zeiten mit schwacher Auslastung zu verlegen, geht das eventuell sogar ohne wesentliche Mehrkosten, und die Mitarbeiter sind auch beschäftigt.

■ *Hochpreisige Dienstleistungen:* Auch für hochpreisige Dienstleistung wäre das Prinzip anwendbar. Der Vorteil bei Dienstleistungen in Bezug darauf ist, dass es dabei meist weniger und oft gar keinen Wareneinsatz gibt. Der prozentuelle Deckungsbeitrag für den Dienstleister ist höher und tendiert in manchen Fällen, z.B. bei einem Grafiker, der selbst zeichnet und layoutet, gegen 100%. Das lässt mehr Spielraum für derartige Preisstrategien und mehr Flexibilität bei der Definition der Anzahlung und der Teilbeträge.

■ *Schönheitsoperationen:* Schönheitsoperationen z.B. könnten mit diesem Preismodell angeboten werden. Statt 5.000 Euro für eine Brustvergrößerung zu veranschlagen (wovon die Implantate selbst etwa 600 Euro pro Stück kosten), könnte der Chirurg etwa 1.900 Euro als Grundpreis verlangen und für die folgenden zehn Jahre einen jährlichen Teilbetrag von 490 Euro verrechnen. Dieser inkludiert natürlich einen jährlichen Check-up. Für den Chirurgen kommen dabei statt 5.000 Euro nun 6.800 Euro an Umsatz heraus, wobei er natürlich auch bedenken muss, dass der jährliche Check-up etwas Zeit in Anspruch nimmt und finanzmathematisch die Einnahmen in fünf Jahren weniger wert sein werden als jetzt. Die Rentabilität dieses Modelles hängt nicht zuletzt auch von der Entwicklung der Inflation ab. Die Einstiegshürde wird aber deutlich niedriger und der Kreis der potenziellen Zielkunden größer. Der jährliche Check-up bietet außerdem wunderbare Möglichkeiten für Zusatzverkäufe aller Art ... der menschliche Körper hat schließlich noch jede Menge anderer Teile, die vielleicht nicht ganz so perfekt sind, wie Mann/Frau sie gerne hätte.

Nicht zu unterschätzen ist dabei die Tatsache, dass aus einmaligen Zahlungen, zwar kleinere, aber regelmäßige Zahlungsströme werden. Unternehmerisch betrachtet ist es eine schöne Sache, zu wissen, dass man jeden Monatsbeginn oder Jahresbeginn eine gewisse Anzahl laufender Teilbeträge fakturieren bzw. vom Konto des Kunden einziehen kann. Das macht das Geschäft planbarer und weniger schwankungsanfällig.

Nicht unwesentlicher Nebeneffekt: Etwaige spätere Komplikationen werden frühzeitig erkannt und (kostenfrei) behandelt. Das erhöht nicht nur die Kundenzufriedenheit und Kundenbindung, sondern auch die Gesundheit der Kunden/Patienten. Ein wahres Win/ Win.

- *Aus- und Weiterbildung:* Für Aus- und Weiterbildung kommen bisweilen ordentliche Beträge zustande. Vor vielen Jahren schon habe ich mehr als 10.000 Euro in meine Coaching-Ausbildung investiert. Das ist viel Geld, das man mit den frisch gewonnenen Fähigkeiten erst wieder über Monate und bisweilen Jahre hinweg verdienen muss. In diesem Bereich sind die Deckungsbeiträge hoch, da der Ressourceneinsatz des Anbieters hauptsächlich aus Zeit besteht. Simple Teilzahlungen über die Dauer der Ausbildung werden von Ausbildungsinstituten häufig angeboten. Doch man kann noch einen Schritt weitergehen. Wer sagt, dass die Teilzahlungen am Ende der Ausbildung abgeschlossen sein müssen? So könnte man etwa eine zweijährige Ausbildung, die in mehreren Blöcken stattfindet und 10.000 Euro kostet, preislich auf drei, vier oder sogar fünf Jahre verteilen. Um dem Kunden nicht das Gefühl zu geben, dass er nach Abschluss der Ausbildung immer noch bezahlt und keine Gegenleistung erhält (obwohl er sie bereits konsumiert hat), gibt es sicher die ein oder andere unaufwendige und kostengünstige Maßnahme (ggfs. auch online), um die die Ausbildung ergänzt und so technisch betrachtet über einen längeren Zeitraum erstreckt werden kann.

Modell 4: Mieten statt kaufen

Eine interessante Variante zum Thema »Teures leistbar machen« ist die Vermietung. In manchen Bereichen wird traditionell gemietet (z.B. Hotelzimmer), in anderen gekauft (z.B. Schuhe). Es gibt auch Produkte, wie Wohnungen z.B., bei denen beides üblich ist. Zu mieten ist für Kunden überall dort interessant, wo es darum geht, sich nicht zu binden (Immobilie), Angebote nur selten oder für kurze Zeit in Anspruch genommen werden (Schier, Mietwagen), wo die Anschaffungskosten sehr hoch sind (Immobilie), die Auswahl dadurch stark vergrößert wird (Bücherei) oder es um etwas geht, das nur fallweise benötigt wird (Hotelzimmer).

Das Konzept des Vermietens hat allerdings Potenzial, auch in unüblichen Bereichen zur Anwendung zu kommen. Ähnlich wie bei den vorher beschriebenen Strategien wird »Teures leistbar«, wenn der hohe Kaufpreis gar nicht erwähnt wird, sondern nur die deutlich niedrigeren Preise für kleine Zeiteinheiten – zumeist Stunden oder Tage. Aber die Miete muss nicht zeitbasierend sein. Autos können nach gefahrenen Kilometern abgerechnet werden, Waschmaschinen nach der Anzahl der Waschvorgänge (wie in öffentlichen Waschsalons üblich) oder die Benützung eines Lifts nach der Anzahl der transportierten Personen.

Das Konzept der Miete hat das Potenzial, ganze Branchen von Grund auf zu verändern, und tut das auch bereits seit Jahren. Während in meiner Jugend Schier grundsätzlich gekauft wurden, wird heute ein großer Teil der Schier samt Stöcken und Schischuhen gemietet. Gemäß den oben genannten Kriterien macht das viel Sinn. Man hat immer die neuesten Schier, noch dazu bestens präpariert, kein Platzproblem bei der Anreise bzw. Lagerung und für die paar Tage im Jahr rechnet sich ein Kauf kaum. Die Schiverleiher wiederum leben sehr gut vom Verleihgeschäft. Zu guter Letzt kann er die Schier nach ein oder zwei Verleihsaisonen noch günstig abverkaufen.

Ein Wiener Elektrohändler, die Firma *Köck* [★] bietet für viele größere Geräte (z.B. für Waschmaschinen) eine Mietoption an. Nebenbei erwähnt ist dieses Unternehmen generell recht kreativ, was Preisstrategien betrifft. Kunden werden im Online-Shop zur Preisverhandlung eingeladen. Mit dem Button »Preisvorschlag abgeben« kann der Besucher einen Wunschpreis nennen. Das Unternehmen prüft, ob dieser akzeptabel ist.

Ein Unternehmen in Deutschland verleiht Spielzeug in speziellen Lego-Sets [★]. Warum auch nicht. Die Kinder wachsen irgendwann aus dem Legospiel heraus und die Bausteine halten ewig (so sie nicht verloren werden). Ich habe als Kind viel mit Lego-Bausteinen gespielt. Damals waren diese noch relativ einfach und universell einsetzbar. Heute wird ein großer Teil in themenspezifischen Sets verkauft. Diese werden oft einmal genau nach Plan zusammengebaut und sind danach nicht mehr so spannend. Den Nachwuchs ständig mit neuen Sets zu versorgen, kann für die Eltern kostspielig werden. Ein Verleihmodell, so es sich wirtschaftlich rechnet, macht daher aus vielerlei Hinsicht sehr viel Sinn.

Auch im Personalbereich hat der Vermietgedanke eine riesige Branche, die der Personalverleiher, entstehen lassen. Ich weiß schon, dass im Arbeitsalltag die Zusammenarbeit von geleasten und angestellten Mitarbeitern in einer Firma bzw. gar demselben Team oft nicht friktionsfrei und unproblematisch ist. Das hat bisweilen mit unterschiedlichen Vergütungsmodellen für dieselben Tätigkeiten oder der Schlechterstellung der Leasing-Mitarbeiter bei Zusatzleistungen zu tun. Oft ist es nur das Gefühl, Mitarbeiter zweiter Klasse zu sein. Aber auch, wenn der Teufel im Detail der Umsetzung steckt, funktioniert der Mietgedanke grundsätzlich im Personalbereich, wie die Zahlen der Branche zeigen.

Welche Produkte, die typischerweise verkauft werden, könnten mietbar gemacht werden? Wie wäre es mit Schmuck und Uhren wie *Dresscoded* [★] oder hochpreisigen Handtaschen wie *Runaway Bag* [★]? Das hätte den Vorteil, dass die Kundinnen und Kunden beliebig oft wechseln könnten. Hochpreisige Einrichtungsgegenstände werden für Events bereits vermietet, üblicherweise aber (noch) nicht für private

Haushalte. Wenn Sie Ihre Produkt- bzw. Dienstleistungspalette durchgehen, könnte es gut sein, dass Sie auf neue Mietideen kommen.

Zusammengefasst kann es sehr profitabel sein, darüber nachzudenken, wie Sie an sich Teures auf die eine oder andere Art leistbar machen. Sie können dadurch vor allem neue Zielgruppen erreichen, die bisher an der psychologischen Preishürde gescheitert sind.

Modell 5: Wertsteigerung mit Garantien

Sicherheit ist ein wesentliches Bedürfnis von Menschen. Und das in vielerlei Hinsicht. Die körperliche Sicherheit, die Sicherheit, die einem ein Beziehungspartner gibt, finanzielle Sicherheit. Wenn wir etwas kaufen, mutiert Sicherheit – abhängig von Produkt, Branche und Höhe der Ausgabe – oft zu einem sehr starken Kaufmotiv. Ganze Branchen wie die Versicherungswirtschaft leben fast ausschließlich davon (zumal das Wort »sicher« schon in der Branchenbezeichnung steckt). Wenn wir ein Produkt erwerben, wollen wir sicher sein, dass es funktioniert, und das möglichst fehlerfrei und möglichst lange. Ein Produkt kann der Kunde anschauen, angreifen, ausprobieren und begutachten und so sein Sicherheitsbedürfnis schon vor dem Kauf zumindest teilweise befriedigen. Darüber hinaus gibt es die gesetzlichen Gewährleistungen, die dem Käufer für die Zukunft zusätzliche Sicherheit geben.

Schwieriger stellt sich das mit Dienstleistungen dar. Hier wird eine Leistung versprochen, bisweilen sogar ein Ergebnis. Wenngleich sich der Käufer die Leistung bzw. das Ergebnis bei anderen ansehen kann (z.b. beim Schönheitschirurgen oder Friseur), ist der Grad an Unsicherheit deutlich höher als bei einem Produkt. Vor allem bei Erstkäufern, die die Dienstleistung noch nie »selbst erlebt haben«, und, wenn es sich um eine hochpreisige Dienstleistung handelt. Besonders in Geschäftsbereichen mit hoher Unsicherheit für den Kunden und gleichzeitig absolut betrachtet hohen Preisen lassen sich Garantien sehr gut einsetzen. Oft ist es so, dass dem Kunden zusätzliche Kosten entstehen, wenn das Produkt oder die Dienstleistung nicht wie versprochen funktionieren. In Produktionsanlagen etwa kann recht genau berechnet werden, welcher wirtschaftliche Schaden dem Unternehmen durch den fehlerbedingten Stillstand einer Maschine pro Stunde entsteht. Diese Beträge können den Wert des Gerätes bisweilen übersteigen.

Ein Instrument, das helfen kann, dem Kunden mehr Sicherheit zu geben und gleichzeitig den Wert und damit verbunden den Preis, bisweilen drastisch, zu erhöhen, sind Garantien. Allerdings nicht die normalen, üblichen, denn diese fallen dem Kunden nicht einmal auf. Diese werden als nichts Besonderes gesehen und somit nicht wertsteigernd wahrgenommen. Die Orientierungsreaktion springt nicht an. Um Werte und Preise mit Garantien zu erhöhen, müssen wir uns etwas Besonderes einfallen lassen. Und es gibt Voraussetzungen dafür. Um mit speziellen Garantien zu arbeiten, brauchen Sie Produkte und Dienstleistungen höchster Qualität mit niedrigsten Fehlerraten, da ansonsten die Kosten für die Garantien höher als der erzielbare Mehrpreis sind. Hilfreich ist es außerdem, wenn Sie mit niedrigen variablen Kosten und hohen Deckungsbeiträgen arbeiten, was bei Dienstleistungen bisweilen einfacher geht als bei Produkten.

Wenn ein Masseur etwa mit einer Garantie arbeiten würde (wie auch immer die genau aussehen mag), könnte es im für den Masseur schlimmsten Fall sein, dass der Kunde am Ende kein Geld bezahlt. Der Masseur hat seine Zeit investiert (die natürlich einen Wert hat), aber zumindest keine zusätzlichen Materialkosten gehabt (außer das bisschen

Massageöl). Bei einem Hersteller von Fenstern etwa, schlagen sich auch die Produktionskosten für das retournierte und möglicherweise gutgeschriebene Produkt zusätzlich zu Buche. Wie teuer ein Garantiefall letztlich dem Verkäufer kommt, muss aber im Einzelfall berechnet werden. Fakt ist: Niedrige variable Kosten beim Verkäufer sowie hohe Deckungsbeiträge helfen bei der profitablen Konstruktion ganz spezieller Garantien.

Ideen für Garantien

Die Frage ist: Wie kann eine Garantie aussehen, damit sie für den Kunden spannend ist und wert- und preiserhöhend eingesetzt werden kann? Eines ist klar: Die gesetzlichen Gewährleistungsregelungen holen keinen Kunden zusätzlich hinter dem Ofen hervor. Da muss man sich deutlich mehr und deutlich Kreativeres einfallen lassen.

Längere Dauer

Ein Faktor, der bei Garantien verändert werden kann, ist die Dauer der Garantie. Die üblichen ein, zwei oder selbst drei Jahre holen keinen Kunden mehr hinter dem Ofen hervor. Manche Anbieter arbeiten mit überlangen (10, 20 oder 30 Jahre) bisweilen mit lebenslangen Garantien (wenngleich diese Varianten rechtlich problematisch sein können). Bei Fenstern wird z.b. für ein Fensterleben lang (umgerechnet etwa 30 Jahre) garantiert. Natürlich hebt eine solche Garantie den Qualitätsanspruch hervor, wenngleich sich die Frage stellt, wie zugkräftig diese Garantie für den Kunden ist. Der normale Kunde erwartet vielleicht ohnehin, dass ein Fenster über diesen Zeitraum problemlos funktioniert, mit oder ohne Garantie. Dennoch gibt es Qualitätsanbieter – den

Fensterhersteller *Strussnig* [★] in Kärnten z.B. – die diese Art des Garantieversprechens erfolgreich einsetzen.

Noch spannender ist es, mit extrem langen Garantien in Fällen zu arbeiten, bei denen der Benutzer des Produktes von einer (deutlich) kürzeren Lebenserwartung ausgeht. Wenn der Hersteller von besonders hochwertigen Autoreifen etwa eine Laufleistung von 100.000 Kilometern garantiert, wo doch der Kunde weiß, dass seine bisherigen Reifen nach drei Saisonen bzw. 50.000 Kilometern abgefahren waren, wäre das ein Versprechen, das einen deutlichen Preisaufschlag zuließe, der auch durchsetzbar wäre.

»Wäre es nicht profitabler, zwei Satz Reifen mit je 50.000 Kilometern Laufleistung zu verkaufen?«, könnten Sie berechtigterweise fragen. Was den Deckungsbeitrag angeht, hängt das von der individuellen Kalkulation ab. Nicht zu unterschätzen dabei ist aber die Tatsache, dass die Kunden doppelt so lange an das Produkt gebunden sind. Bei zwei Sätzen á 50.000 Kilometern könnte er auf ein Mitbewerberprodukt wechseln. In dem Verdrängungswettbewerb, der heute in vielen Märkten herrscht, könnte die längere Nutzungsdauer des eigenen Produktes ein nicht unwesentlicher Vorteil sein. Vor allem, wenn bei den Mitbewerbern deutlich öfter gewechselt werden muss. Jeder Reifenwechsel birgt die Gefahr des Kundenverlustes.

Unübliche Versprechen

Auch was die Garantieversprechen angeht, könnte man kreativ sein und mit ungewöhnlichen Garantieversprechen arbeiten. Wenn der Hersteller eines Maßanzuges garantiert, dass die Nähte halten, so löst das maximal ein »ohnehin klar« in den Köpfen der Kunden aus. Wenn aber die Passform für die Garantielaufzeit versprochen wird, sorgt das schon für das eine oder andere »Aha!«. Das würde natürlich bedeuten, dass die Hose enger gemacht wird, wenn der Kunde abnimmt und weiter, wenn er zunimmt (was wahrscheinlich öfter der Fall sein würde). Was der Anzug mit einer solchen Garantie kosten müsste, damit dieses Vorgehen profitabel für den Hersteller ist, muss natürlich genau berechnet werden. Ob das nur bei Hosen ginge oder auch bei Sakkos, muss aus fachlicher Sicht der Schneider entscheiden. Ich könnte mir vorstellen, dass er bei manchen Kunden an technische Machbarkeitsgrenzen stößt. Vielleicht müsste er sein Angebot auf maximal eine Kleidergröße pro Jahr limitieren. Wie auch immer, eine Überlegung könnte es wert sein.

Ein Juwelier könnte z.b. bei Schmuckstücken mit individueller Anfertigung oder Gravur, solche, die üblicherweise Männer ihren Frauen zum Hochzeitstag schenken, für ein weiteres Jahr Beziehungsglück garantieren. Warum? Weil ein so schönes und wertvolles Schmuckstück natürlich ein Garant für die Stabilität der Beziehung ist. Zumindest für ein Jahr. Und wenn nicht? Dann gibt es z.b. einen Gutschein einzulösen für die nächste Dame bzw. den nächsten Herrn. Und sollte diese Garantie keine Riesenrenner im Verkauf sein, so bin ich sicher, dass sie den Medien allemal einen Bericht wert ist.

Überdimensionale Leistung

Im Garantiefall wird das Produkt üblicherweise gratis repariert, nachgebessert oder, wenn es sich nicht vermeiden lässt, ersetzt. Bei Pizza-Lieferdiensten etwa finden wir immer wieder »Pünktlich oder gratis«-Angebote. Wenn die Pizza z.b. nicht innerhalb von 30 Minuten geliefert wird, zahlt der Kunde nichts und kann die Pizza behalten. Das ist ein Garantiemodell, das die Grenzen des Üblichen schon erweitert.

Wenn Sie aber von der Qualität und der Leistung Ihres

Produktes oder Ihrer Dienstleistung wirklich sehr überzeugt sind, können Sie noch eines oben draufsetzen. Das könnte im Einzelfall bedeuten, dass der Kunde nicht nur das Produkt ersetzt oder gratis erhält, sondern darüber hinaus eine Zusatzleistung. Der Gastwirt könnte dem Gast volle Zufriedenheit mit dem Geschmack garantieren. Sollte das nicht der Fall sein, bezahlt er nicht nur nichts, sondern erhält außerdem einen Gutschein für ein weiteres Gratisessen. Eine ähnliche Idee könnte der Gastwirt für die Portionsgröße durchspielen. »Wenn Sie bei uns nach einem Hauptgericht nicht satt sind, können Sie so lange ohne Berechnung weitere Gerichte bestellen, bis Sie es sind!« Vom Effekt her ist diese Art der Garantie mit einem »All you can eat«-Angebot oder einem ganz normalen Buffet gleichzusetzen. Und dennoch kann ich mir vorstellen, dass diese Art der Garantieformulierung mehr Anziehungskraft ausübt. Das andere kennen wir schon.

Wenn es wirklich aufsehenerregend und für den Garantiegeber potenziell schmerzhaft sein soll, könnte man auch folgendes Garantieversprechen abliefern: »Wenn Sie mit unserer Leistung nicht vollständig zufrieden sind, bezahlen Sie nichts und erhalten 1.000 Euro von uns!« Ist das vollmundig? Ja! Ist das potenziell teuer für den Anbieter? Ja (daher sehr genau überlegen und noch genauer rechnen)! Und dennoch hat mir ein Rednerkollege erzählt, er würde das so anbieten, es sei aber noch nie zum Garantiefall gekommen, was für die Qualität seiner Dienstleistung spricht.

Generell wird bei derartig ausgefallenen Garantien berichtet, dass der Prozentsatz der Kunden, die diese in unfairer Art und Weise ausnutzen, sehr gering und zumeist in Relation zum gesamten Geschäftsvolumen vernachlässigbar ist. Die Botschaft, die damit kommuniziert wird, ist andererseits – geschickt gemacht – eine sehr starke.

Am Nutzen orientiert

Wenn eine Kundin eine Gesichtscreme kauft, will sie damit möglicherweise ein faltenfreies, glattes Gesicht bekommen. Jemand, der zum Arzt geht, will gesund oder schmerzfrei werden, und ins Fitnesscenter geht man z.b., um Gewicht zu verlieren. Wir kaufen Dinge und bezahlen für Dienstleistungen, weil wir damit bestimmte Ziele erreichen wollen. Wir wollen einen individuellen Nutzen davon haben. Das Fitnesscenter an sich ist dem Kunden egal. Es macht den meisten nicht unbedingt Spaß, sich am Laufband abzumühen oder schwere Gewichte zu stemmen, bis die Muskeln schmerzen. Aber unser Ziel, abzunehmen, lässt uns all diese Mühen auf uns nehmen. Doch erfüllt das Angebot des Verkäufers diesen Nutzen tatsächlich? In vielen Fällen ist das vorab schwer zu beurteilen. Der Kunde ist unsicher.

Besonders spannend und effektiv sind daher Garantien, die dem Kunden genau diese Unsicherheit nehmen, Garantien, die einen gewissen Nutzen, ein bestimmtes Ergebnis garantieren. In vielen Fällen ist das schwer möglich. Der Hersteller von Fernsehgeräten etwa kann für die fehlerfreie Funktion seines Produktes garantieren, aber ob sich der Kunde bei der Verwendung seines Gerätes gut unterhält, sich entspannt oder besser informiert ist, liegt wahrlich nicht am Gerät selbst.

Aber es gibt Bereiche in der Wirtschaft, wo der Anbieter sehr wohl einen tatsächlichen Nutzen, ein Ergebnis im Sinne des Kunden garantieren könnte. Das ist kein einfaches Garantieversprechen, das leicht zu bewerkstelligen ist. In vielen Fällen hängt das Ergebnis nicht nur von der Leistung des Anbieters, sondern auch vom Empfinden des Kunden und diversen Rahmenbedingungen ab.

Ein paar Ideen und Beispiele dafür wären:
- Der Anwalt garantiert, den Prozess zu gewinnen (in den USA, wo Erfolgshonorare für Anwälte möglich

und üblich sind, stellen diese ein indirektes Garantieversprechen dar).

- Der Arzt garantiert Heilung innerhalb von einer
  Woche. Auch in der TCM (Traditionellen Chinesi-
  schen Medizin) war es (nach Aussage eines Medizi-
  ners) üblich, nur Erfolgshonorare für Akupunkturbe-
  handlungen zu bezahlen, was von der Wirkung einer
  Garantie ähnelt.
- Der Rückenspezialist garantiert Schmerzfreiheit nach
  drei Sitzungen.
- Der Therapeut oder Coach garantiert das Verschwinden einer Phobie nach nur einer Sitzung.
- Der Personal Coach garantiert 5 % Körperfett weniger
  in einem Monat.
- Der Verkaufstrainer garantiert fünf Termine mit Neukunden innerhalb einer Woche nach dem Training.
- Der Masseur garantiert Entspannung nach der Mas-
  sage.
- Der Fensterhersteller garantiert eine Reduktion der
  Heizkosten um 5 % nach Einbau der neuen Fenster.
- Der Anbieter von Fahrradschlössern garantiert, dass
  das Rad bei Verwendung des Schlosses nicht gestoh-
  len wird.
- Ein Pharmaunternehmen garantiert das Verschwinden der Krankheitssymptome innerhalb von 48 Stunden.
- Der Autohersteller, der Verletzungsfreiheit bei einer
  bestimmten Art von Unfällen garantiert.

Eine solche Nutzengarantie exzellent umgesetzt ist jene von
Bugs Burger Bug Killers Inc., einer Schädlingsbekämpfungs-
firma. [★] Das Unternehmen übernimmt dabei die vollkommene Garantie für die Erfüllung des Kundenbedürfnisses,
der Freiheit von Schädlingen und Ungeziefer.
Dabei ist im Garantiefall nicht nur die Leistung für den

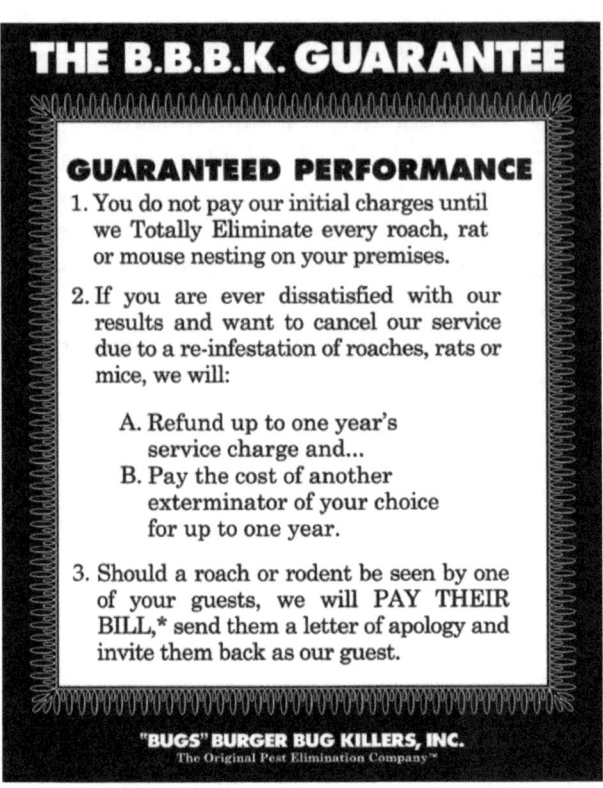

Abb. 6: Die B.B.B.K.-Garantie

Kunden gratis, sondern es werden die Kosten für einen Mitbewerber übernommen, der das Problem in den Griff kriegen soll. Darüber hinaus wird für alle Arten von Schäden, die durch die Nichterfüllung des Leistungsversprechens entstehen, die Haftung übernommen. Eine extreme Form eines Garantieversprechens, aber enorm zugkräftig und – wenn die Dienstleistung entsprechend gut ist – auch extrem profitabel. Das Unternehmen verrechnet Preise, die ca. zehnmal so hoch sind wie die der Mitbewerber.

Modell 6: Mentale Konten

Bei der Beschreibung der Gamechanger, der Stufe fünf in der Unternehmensevolution, habe ich es bereits erwähnt. Die Erschaffung von etwas ganz Neuem ist mit mehr Risiko behaftet, kann aber dafür extrem profitabel sein. Wer etwas Neues erschafft, ist von Beginn an Marktführer, weil es einfach keinen Mitbewerb gibt.

Doch es muss nicht gleich eine komplett neue Branche sein. Ein guter und sehr profitabler Anfang wäre es bereits, Ihr Produkt oder Ihre Dienstleistung in eine andere Kategorie im Kopf des Kunden verschieben zu können. Was bedeutet das? Diese Idee hat mit dem Konzept der mentalen Konten des Verhaltensökonomen Richard Thaler zu tun. Das Konzept besagt, dass wir für verschiedene Ausgabenkategorien unterschiedliche mentale Konten in unseren Köpfen haben. Diese Konten – und das ist der spannende Aspekt dabei – sind unterschiedlich gut gefüllt und weisen eine z.t. sehr unterschiedliche Preissensibilität auf.

So fahren Konsumenten bisweilen zehn Kilometer oder mehr zu einer Tankstelle mit besonders billigem Sprit (7 Cent pro Liter weniger), um so z.b. 6 Euro zu sparen. Der bei diesem Umweg verbrauchte Sprit und die halbe Stunde Zeitverlust werden dabei nicht auf das mentale Spritkonto verrechnet. Gleich darauf besucht derselbe Konsument das Bekleidungsgeschäft seiner Wahl, um ein neues Sakko zu kaufen. Statt der geplanten 400 Euro, die er ausgeben wollte, lässt er sich von der sehr geschickten Verkäuferin von einem Sakko für 500 Euro überzeugen und gibt so schnell einmal 100 Euro mehr aus.

Offenbar ist ein Euro in unterschiedlichen Ausgabekategorien unterschiedlich viel wert. Das eine Mal sind 7 Cent pro Liter bzw. 6 Euro Ersparnis einen Umweg von 20 Kilometern wert, das andere Mal werden locker 100 Euro mehr als geplant ausgegeben. Im Grunde ließen sich die 6 Euro beim Sakko wesentlich leichter einsparen als beim Sprit. Aber, wie bereits in einem früheren Kapitel ausführlich beschrieben, Kaufentscheidungen sind hochgradig irrational. Die Chancen, die sich durch die Anwendung des Konzeptes der mentalen Konten im Wirtschaftsleben eröffnen, sind allerdings enorm und vor allem, ganz im Sinne dieses Buches, enorm profitabel. Das Ziel dabei ist, Ihr Produkt von einem möglicherweise preissensiblen und dürftig gefülltem Konto im Kopf Ihres Kunden, in eines zu verschieben, das gut gefüllt ist und in dem der Preis eine geringere Rolle spielt. In jeder der Kategorien hat der Kunde Ankerpreise abgespeichert, mit denen verglichen wird, und die ihm letztlich sagen, ob etwas billig oder teuer ist.

Ein gutes Beispiel (bzw. zumindest ein guter Versuch) dafür, das wir alle aus der Werbung kennen, ist »Duplo – die wohl längste Praline der Welt«, wie der Hersteller *Ferrero* in der Werbung verkünden lässt. Diese Aussage hat einen tieferen, psychologischen Sinn (wie so manches in der Werbung, was auf den ersten Blick nebensächlich erscheint). Banale Schokoriegeln werden im Kundenkopf einem anderen mentalen Konto zugeordnet als Pralinen. Durch den Slogan »die wohl längste Praline der Welt« versucht der Hersteller, das Produkt in die Kategorie Pralinen zu verschieben, denn dort erscheint es mit seinen ca. 2,50 Euro im Zehnerpack sehr günstig. Eine andere Strategie wäre, die Exklusivität mehr zu betonen und der Kategorie »Pralinen« angepasste Preise zu verlangen.

Was sind nun die Bereiche, wo solche Kategorieverschiebungen funktionieren könnten? Wie ist das Konzept praktisch umsetzbar? Da gibt es vier grundlegende Varianten.

Variante 1: Die unechte Kategorieverschiebung

Eine grundlegende Denkrichtung dabei ist es, das Produkt oder die Dienstleistung in den Köpfen der Kunden nicht als separate Kategorie, sondern als Zubehör oder Ausstattungsbestandteil eines anderen, deutlich größeren und teureren Produktes zu platzieren. »Unecht« nenne ich diese Variante, weil das Produkt dabei seine Identität verliert, zum kleinen Teilbereich einer anderen Kategorie mutiert. Diese Variante funktioniert daher nur in Kombination mit einem anderen Produkt.

Alle großen Anschaffungen und Ausgaben wie Immobilien, Autos oder Urlaube im Bereich B2C sowie Maschinen, Anlagen oder etwa große Marketingkampagnen im B2B-Sektor könnten sich dafür eignen. Preispsychologisch betrachtet hilft dabei, dass die Kosten für das Zubehörteil im Vergleich zum Gesamtbudget sehr klein wirken. Das kann vor allem funktionieren, wenn es der Kunde gemeinsam kauft. Zusätzlich erleichtert es die Sache, wenn das Hauptprodukt geleast oder finanziert und auf Raten bezahlt wird. Das weitere Ausstattungsmerkmal wirkt sich auf die monatliche Rate oft nur mit ein paar Euro aus, während dem ein großer individueller Wert gegenübersteht. Der Nachteil bei dieser unechten Kategorieverschiebung ist, dass das Hauptprodukt dadurch teurer wird.

Küchen sind, für sich betrachtet, bisweilen eine kostspielige Angelegenheit. 15.000 Euro sind schnell einmal ausgegeben. Wenn Sie es allerdings schaffen, dass der Kunde die Küche als Teil des Neubaus, der 450.000 Euro kostet, betrachtet, fällt es leichter, ihn davon überzeugen. Was noch könnten Sie alles in die Bau- bzw. Anschaffungskosten einer Immobilie hineinpacken?

Ein fest eingebautes Navigationssystem vom Autohersteller kostet meist ein Vielfaches von mobilen Systemen. Dennoch werden sie als Teil des Neuwagens um 45.000 Euro gekauft. Ob dieselben Kunden alle auch separat 2.000 Euro und mehr für das Gerät ausgeben würden, wage ich zu bezweifeln. Auch beim Urlaub lassen sich Ausflüge, Essen etc. sehr gut vorab mitverkaufen. Wie können Sie dieses Prinzip in Ihrem Tätigkeitsfeld anwenden?

Variante 2: Die echte Kategorieverschiebung

Bei der echten Kategorieverschiebung behält das Produkt oder die Dienstleistung seine volle Eigenständigkeit und wird vom Kunden einer anderen Kategorie zugehörig wahrgenommen. Klarerweise einer Kategorie, mit deutlich besser gefüllten mentalen Konten.

Bei Lebensmitteln etwa wird tendenziell gespart. Supermärkte sind oft das Jagdgebiet der Schnäppchenjäger. Die Verschiebung eines Produktes von der Kategorie Lebensmittel in die Kategorie Gesundheit kann daher sehr profitabel sein, wenn sie gelingt. Dabei kann die bewusste Wahl der Vertriebskanäle helfen. Das Image des Kanals strahlt auf das Image des Produktes ab und unterstützt so die Verschiebung in eine andere Kategorie und damit einhergehend den Zugriff auf ein anderes mentales Konto. So machte es einen Unterschied für das Gesundheitsimage eines Lebensmittels, ob dieses beim Discounter, im Supermarkt, im Biomarkt, im Drogeriemarkt oder über Apotheken verkauft wird.

Ein anderes Beispiel ist der Franchiser *Kieser Training* [★]. Dieses Unternehmen ist auf gesundheitsorientiertes Krafttraining spezialisiert, ordnet sich so dem Gesundheitsbereich zu und differenziert sich von normalen Fitnessstudios. Das wiederum gibt – auch in den Augen der Konsumenten – das Recht, mehr zu verlangen. Gesundheit ist schließlich mehr wert als nur Muskeln.

Auch das mentale Konto für Schönheit ist – speziell bei Frauen (ohne klischeehaft sein zu wollen, aber da gibt es Zahlen dazu) – extrem gut gefüllt. Für Schönheit scheinen manche mentalen Konten beinahe unbegrenzt zu sein. Wie können Sie Ihre Produkte oder Dienstleistungen in diese Kategorien verschieben?

Auch im B2B-Bereich sind die unterschiedlich gut gefüllten mentalen Konten teilweise in verschiedenen Budgets abgebildet. So ist das Konto für Weiterbildung für Mitarbeiter selbst bei großen und sehr großen Unternehmen oft sehr dürftig gefüllt. Ein Trainingsprojekt für die Mitarbeiter eines Konzerns, für das 50.000 Euro ausgegeben werden, könnte in manchen Bereichen schon als recht anständig bezeichnet werden. Wenn es um klassische Unternehmensberatung im Strategiebereich etwa geht, werden bei denselben Großbetrieben schnell einmal 50.000 Euro für eine kleine Vorstudie ausgegeben. Dabei ließen sich manche Trainingsprojekte mit ein wenig Kreativität auch als Beratungsprojekte gestalten, wobei das Training ein Teil dessen ist. Wie lassen sich Ihre Leistungen im B2B-Bereich in besser gefüllte Budgetbereiche verschieben?

Eine weitere sehr erfolgreiche und oft praktizierte Kategorieverschiebung finden wir bei Informationsprodukten. Sie hat mit der Aufbereitung der Informationen zu tun. So ist es denkbar, mehr oder weniger dieselbe Information als Buch, als App, als Software, als Seminar, als Kursbuch (in einem umfangreichen Ordner), als Podcast, als Hörbuch, als online abrufbares Video, als DVD, als E-Book, als Membership-Site, als Webinar oder in einer Kombination einiger dieser Aufbereitungsvarianten anzubieten. Und für alle diese Varianten haben Kunden unterschiedliche mentale Konten.

So sind wir gerne bereit, für ein gutes Buch zwischen 15 und 30 Euro zu bezahlen. Darüber wird die Luft schon recht dünn. Genau dieselbe Info als Seminar ist uns aber durchaus 300 bis 600 Euro wert. Währenddessen wird die Luft bei Apps schon über zwei bis drei Euro dünn. Für einen Vortrag mit derselben Information (oft aber auch viel weniger, weil meist nur 30 bis 60 Minuten Zeit zur Verfügung stehen) werden aber gut und gerne ein paar Tausend Euro bezahlt. Sie sehen also: Nicht der Inhalt ist so entscheidend, sondern die Verpackung. Die Art der Präsentation macht oft einen deutlichen Preisunterscheid in Bezug auf mentale Konten aus.

Variante 3: Die Erweiterung einer bestehenden Kategorie

Ich kann mich noch gut erinnern an mein erstes *Puch* Rennrad (*die* Marke damals), das ich als Kind zu Weihnachten geschenkt bekommen habe. Es hatte zehn Gänge, einen gebogenen Rennlenker und war dunkelrot. Ich war überglücklich. Wahrscheinlich hatte das Rad – in heutige Währung umgerechnet – etwa 150 Euro (damals ca. 2.000 Österreichische Schillinge oder 300 DM) gekostet. Für damalige Verhältnisse war es ein echt tolles Fahrrad. Das war damals viel Geld und natürlich müsste ich die Inflation miteinbeziehen, um es in etwa auf heutige Verhältnisse umzurechnen. Lassen Sie uns den Betrag daher verdreifachen und 450 Euro heranziehen. Das ist auch heute noch Geld, aber für mein aktuelles Rad habe ich ca. das Doppelte ausgegeben. Ein gutes Fahrrad, aber nach heutigen Maßstäben nichts Besonderes. Ein 27-Gang-Allround-Bike von *KTM*. Ich laufe sehr viel mehr, als ich fahre. Dafür reicht es vollkommen.

Aber ich kenne Menschen, die für ein Fahrrad schnell mal ein paar Tausend Euro ausgeben. Nach oben gibt es kaum Grenzen. Wenn wir das Produktangebot betrachten, ist die Vielfalt bei Rädern, vor allem auch die preisliche Bandbreite, sehr viel höher als damals bei meinem ersten Rennrad.

Irgendwann, ich schätze 15 Jahre nach meinem ersten Rennrad, ist diese Kategorie, vor allem durch die Einführung des Mountain Bikes, angebotsmäßig und preislich explodiert. Binnen zwei bis drei Jahren war es ganz normal, für ein Fahrrad statt vorher 2.000 ATS plötzlich 6.000 ATS oder auch mehr auszugeben. Mein Bruder hatte sich damals ein Mountain Bike um etwa 15.000 ATS geleistet. Ein gutes Beispiel dafür, dass es Kategorien, manchmal ganze Branchen gibt, die vor sich hinschlummern, bis jemand durch die Einführung neuer Produkte oder Verwendungsmöglichkeiten die Möglichkeiten massiv erweitert und die bisherigen mentalen Konten sprengt.

Das ist immer wieder passiert. In den letzten 10 bis 15 Jahren (schätze ich) bei Grillgeräten. Noch um die Jahrtausendwende haben die Kunden für einen Holzkohlegrill vielleicht 199 ATS (ca. 30 DM oder 15 Euro) ausgegeben. Das war nichts Besonderes. Ein Grill eben, wie ihn die meisten verwendet haben. Heute, nur eineinhalb Jahrzehnte später, geben die Konsumenten gerne einmal 300 Euro für einen Holzkohlegrill im Einstiegsbereich aus, exklusive Zubehör versteht sich. Das wäre in etwa eine Verzwanzigfachung! Mit der Inflation ist das nicht mehr zu erklären.

Vor allem ein Anbieter, *Weber Stephen* [★], hat mit seinen heute weithin bekannten Kugelgrills die Kategorie wachgeküsst und in Dimensionen entwickelt, die es davor einfach nicht gab. Es hat etliche Jahre gedauert, bis die Grillwelle aus den USA kommend auch Europa erreichte, aber dann ging es relativ schnell. Wo es früher hierzulande quasi nur Holzkohlegrills gab, sind heute auch Elektro- und vor allem Gasgrills sehr verbreitet. 1.000 Euro und mehr für einen Gasgrill und nochmals 500 Euro für Zubehör werden durchaus investiert. Das ist keine Seltenheit. Das mentale Konto, was Grills betrifft, hat sich dramatisch vergrößert und ist sehr viel besser gefüllt als noch vor 10 oder 15 Jahren.

Erreicht wurde das im Falle von *Weber* durch konsequente Sortimentserweiterung, vor allem im höherwertigen und höherpreisigen Bereich. Natürlich hat auch die emotionale Verschiebung des Produktes Grill vom simplen Nutzen »Fleisch zubereiten« in den Lifestylebereich und die Veränderung der

Vertriebsstrategie mit starkem Fokus auf den hochwertigen Fachhandel dazu beigetragen. Verbunden mit massiver Ausweitung des Zubehörsortiments und dem Fokus auf Qualität hat es dazu geführt, dass heute am Grillmarkt vernünftig Geld zu verdienen ist, statt wie früher Billigprodukte aus Fernost mit geringer Marge feilzubieten. Auf der Suche nach weiteren Wachstumsmöglichkeiten ist die Firma *Weber* gerade dabei, den Markt für Grillkohle nach oben hin auszudehnen, was sowohl Qualität, als auch Preis betrifft.

Natürlich sind auf diese Art in den letzten Jahren schon einige andere Kategorien und Branchen revolutioniert und mentale Konten deutlich besser gefüllt worden. Ich bin allerdings überzeugt, noch lange nicht alle. Welche Produkte, die wir vielleicht tagtäglich verwenden, ohne ihnen große Aufmerksamkeit zu schenken, warten denn noch darauf, auf diese Art und Weise entdeckt zu werden? Welche Kategorien haben massives Erweiterungspotenzial in die oberen Preisbereiche? Welche mentalen Konten könnten noch deutlich besser gefüllt werden?

Variante 4: Die Schaffung einer ganz neuen Kategorie

Die Königsklasse ist es, eine ganz neue Kategorie zu erschaffen. Für diese gibt es noch kein mentales Konto und damit keinen Vergleich. Dabei ist es von Vorteil, wenn es beim Produkt selbst erkennbare Unterschiede gibt. Sie selbst (es gibt ja sonst niemanden) setzen den Ankerpreis für diese Kategorie, der dann als Richtwert herangezogen wird.

Bei der Bezeichnung der ganzen Kategorie können Sie Ihrer Kreativität freien Lauf lassen. Ein guter Name für die neue Kategorie ist sogar ein extrem wichtiges Differenzierungsmerkmal. Die Kategorie »Energydrink« z.B. wurde von *Red Bull* geschaffen und mit einem Ankerpreis versehen, der das Doppelte und mehr von normaler Limonade betrug. Ein extrem profitables Beispiel für die Schaffung einer neuen Kategorie. Inzwischen gibt es auch in diesem Bereich bereits Billigangebote.

Nicht einfach nur Leberkäse

Vor ein paar Tagen stand ich an der Wursttheke im lokalen Supermarkt. »10 Deka (= 100 g) Leberkäse bitte!«, verlangte eine Kundin und deutete dabei auf das gewünschte Produkt. Daraufhin erklärte ihr die Verkäuferin, dass es sich dabei aber nicht um Leberkäse, sondern um *Neuburger* [★] handelte. Und *Neuburger* ist kein Leberkäse, wie wir aus der Werbung schon wissen ... und das obwohl *Neuburger* genauso aussieht und schmeckt wie Leberkäse ... zumindest aus meiner Sicht. Hier wurde versucht, eine eigene Kategorie zu schaffen, um sich vom normalen Leberkäse zu differenzieren. Eigenartigerweise allerdings liegt *Neuburger* preislich unterhalb von Leberkäse (ca. 18 Euro pro Kilogramm vs. 24 Euro pro Kilogramm). Warum nicht die preislichen Möglichkeiten der neu geschaffenen Kategorie nutzen, wenn schon so viel Aufwand in die Schaffung dieser gesteckt wurde? *Neuburger* ist doch allemal mehr wert als einfach nur Leberkäse, oder?

Wie ist das mit Ihren Produkten und Dienstleistungen? Welche davon könnten Sie in anderen Kategorien ansiedeln, um sich vom Mitbewerb zu differenzieren und besser gefüllte mentale Konten anzuzapfen?

Modell 7: Aus eins mach viele

Ein spannendes Grundprinzip, was die Erzielung von höheren Preisen und Umsätzen angeht, ist jenes, dass die Summe der Einzelteile oft mehr wert ist als das Ganze. Das ist mir kürzlich bei meinem inzwischen in die Jahre gekommenen Auto bewusst geworden. Der Wiederverkaufswert laut Liste nähert sich gegen null und am Markt würde ich wahrscheinlich noch etwa 4.000 Euro dafür erhalten. Wenn aber ein mechanisch begabterer Mensch als ich das Fahrzeug zerlegen und die Einzelteile verkaufen würde (die z.T., wie die Lederrückbank z.b., noch quasi ungenutzt und daher wie neu sind), bin ich sicher, dass er in Summe deutlich mehr herausholen kann als ich beim Verkauf des Fahrzeuges als Ganzes. Nicht zuletzt aus diesem Grund ist aus der Verwertung von Altfahrzeugen eine, meines Wissens, durchaus lukrative Branche entstanden. Es vergeht kaum eine Woche, in der ich keine Karte eines Gebrauchtwagenhändlers an der Scheibe vorfinde, der mir anbietet, mein Fahrzeug zu kaufen.

Auch bei Immobilien wird das Prinzip wirtschaftlich profitabel angewandt. Drei Wohnungen á 50 Quadratmeter bringen meist mehr Miete als eine mit 150 Quadratmetern und erzielen zudem einen (deutlich) höheren Gesamtverkaufspreis. Und *Nespresso*, wie bereits erwähnt, nutzt genau dasselbe Prinzip (neben ein paar anderen). Statt kiloweise wird Kaffee grammweise unendlich viel profitabler vermarktet.

Verwandeln Sie unbezahlt in bezahlt

Dieses Prinzip können Sie auch so anwenden, dass Sie etwas, das bisher gratis oder als Teil des Produktes bzw. der Dienstleistung inkludiert verkauft wurde, eine bezahlte Leistung machen. Damit wird umsatztechnisch sprichwörtlich Geld aus dem Nichts geschaffen.

Das Prinzip funktioniert in diesem Fall folgendermaßen: Eine Leistung (meist handelt es sich um Dienstleistungen und nicht so oft um physische Produkte), die gewöhnlich bisher schon erbracht, aber nicht separat gepreist bzw. verrechnet wurde, wird gesondert, mit einem eigenen Preis versehen ausgewiesen. Damit wird diese gleichzeitig aufgewertet, denn wie mein Opa schon gesagt hat (und Ihrer wahrscheinlich auch): Was nichts kostet, ist nichts wert! Sie splitten also das Gesamtpaket im ersten Schritt in Einzelteile mit separaten Preisen. Dadurch wird der Werteindruck in den Augen des Kunden erhöht, obwohl eigentlich an der Leistung nichts verändert wurde.

Nun haben Sie verschiedene Möglichkeiten. Sie können den Preis für das Kernprodukt so ansetzen wie bisher für das gesamte Paket und die lösgelösten Leistungen als separate Optionen mit eigenen Preisen anbieten. Eine etwas versteckte Art der Preiserhöhung. Sie können nach wie vor das Gesamtpaket anbieten und den Preis für dieses erhöhen, was durchaus angesichts des gestiegenen Wertes zu rechtfertigen sein kann. Vor allem dann, wenn Sie die Einzelleistungen so kalkulieren und darstellen, dass deren Summe deutlich höher als die des Ganzen ist. Als dritte Alternative können Sie aber auch – abgesehen von der erwähnten geänderten Darstellung – am Preis sonst gar nichts verändern. Die neue Art der Darstellung wird Ihnen durch die Wertsteigerung einen Vorteil im Zuge etwaiger Preisgespräche mit Kunden bringen.

Manche Fluglinien betreiben diese Aufsplittung in Einzelleistungen exzessiv, aber durchaus erfolgreich. Wenngleich ich gestehen muss, dass ich an meine preispsychologische Belastungsgrenze als Konsument stoße, wenn ich im Zuge eines Buchungsvorganges für einen Kurzflug Wien – Frankfurt ungefähr zehn Upsells dieser Art angeboten bekomme und ich den Eindruck erhalte, dass selbst der Sitzplatz extra kostet (und ich ansonsten stehen müsste). Natürlich kann man alles übertreiben, was Sie aber nicht davon abhalten sollte, wilde Ideen zu wälzen und kühne Konzepte zu kreieren. Auf der Stufe der Ideenfindung ist Übertreiben durchaus angesagt und förderlich. Ein Must sogar. Lassen Sie sich durch meine preislich emotionalen Befindlichkeiten also bloß nicht davon abhalten.

Im Zuge dieser Überlegungen und der damit verbundenen genaueren Analyse Ihres eigenen Angebotes könnte es sogar passieren, dass Sie einen leichten Schock erleiden, wenn Sie feststellen, was Sie bisher so alles gratis dazugeben. Doch sehen Sie diesen potenziellen Schock als Zusatznutzen für Sie. Umso überzeugter werden Sie sein, dass Ihr Angebot nicht nur sein Geld wert ist, sondern vielleicht sogar mehr als das.

Einzelteile ohne das Kernprodukt verkaufen

Solche Überlegungen könnten den einen oder anderen Unternehmer bzw. so manche Unternehmen sogar so weit führen, die Nebendienstleistung überhaupt losgelöst vom Kernprodukt zu verkaufen. *IBM* z.B. war vor 30 Jahren noch ganz groß im Hardware/Software-Geschäft tätig. Das Nebenprodukt, die Zusatzleistung, war die Beratungsleistung im Zuge eines Hardwareprojektes. Diese hat sich allerdings so sehr verselbstständigt, dass es heute das größte Geschäftsfeld darstellt. Der Verkauf von Hardware ist inzwischen unter die 10%-Marke vom Gesamtumsatz gerutscht.

Solche Entwicklungen werden bisweilen natürlich auch durch massiven Preisdruck in den hart umkämpften Kerngeschäftsfeldern ausgelöst bzw. beschleunigt. Wenn mit dem Kernprodukt kaum mehr Geld zu verdienen ist (trotz Anwendung aller in diesem Buch angesprochenen Ideen und Konzepte), ist es nicht unlogisch und durchaus naheliegend, sich eine neue, profitablere Spielwiese zu suchen.

Welche Zusatzdienstleistungen verrichten Sie in Ihrem Geschäft? Welche davon können Sie separat bepreisen, anbieten und verrechnen? Und welche haben Wachstumspotenzial und eignen sich vielleicht dafür, selbst zu einem Kernprodukt zu werden?

Oft sind es Leistungen in den Bereichen
- (herstellerunabhängige) Beratung und Informationsaufbereitung
- Suche, Anbieterauswahl und Vermittlung
- Service, Wartung und Reinigung
- Finanzierung, Leasing, Vermietung
- Lieferung, Transport, Abholung
- Aufbau und Inbetriebnahme
- Entsorgung
- Zubehör
- Projektmanagement und Kontrolle
- Zur-Verfügung-Stellung der Infrastruktur

Wenn in solche Bereiche neu vorgestoßen wird, zeichnen sich diese anfangs oft durch höhere Margen aus, weil die meisten sich noch mit den Kernprodukten oder -dienstleistungen preislich die Köpfe einschlagen. Wenngleich es auch wieder eine Frage der Zeit ist, bis viele auf diesen Zug aufspringen und die Margen dadurch wieder sinken.

Die Idee, spezielle Beratungsdienstleistung separat zu verkaufen, ist eine in einigen Branchen wie in der Finanzdienstleistung heiß diskutierte. Es gibt ein paar Vorstöße in die Richtung, aber viele scheuen sich noch davor, das bewährte Geschäftsmodell zu ändern. *EFM*, ein österreichischer Franchiser im Bereich Versicherungsdienstleistung [★], verrechnet zumindest einen Jahresberatungsbetrag pro Kunde in der Höhe von 75 bis 150 Euro (bei Unternehmenskunden) bzw. auch einen kleinen Prozentsatz vom Versicherungsbeitrag. Das sind bei z.B. bei nur 500 Kunden, die ein durchschnittlich erfolgreicher Makler schon haben kann, auch ca. 50.000 Euro (mit 100 Euro Durchschnitt gerechnet). Ein netter Zusatzverdienst als Belohnung für kreative Angebots- und Preisgestaltung.

Darüber hinaus stellt dieser Jahresbeitrag eine gewisse Hürde dar und filtert die Schnäppchenjäger und Beratungsdiebe unter den potenziellen Kunden heraus. Bei bestehenden Kunden ist diese Betreuungsgebühr gut für die Kundenbindung. Klar, was man bezahlt, will man schließlich auch nutzen. Und wenn der Anbieter des Kernproduktes diese Möglichkeiten nicht selbst nutzt oder nutzen will, entstehen im Umfeld eines starken Kernproduktes bzw. einer -dienstleistung oft ganze Heerscharen von Dienstleistern, die diese vernachlässigten Bereiche besetzen und gute Geschäfte daraus erschaffen. So gibt es inzwischen eine Fülle von Herstellern, die Zubehör für *Apple*-Geräte in einer Vielfalt anbieten, wie sie *Apple* selbst niemals anbieten könnte (und auch nicht möchte, wie ich vermute).

Bei *Ikea* haben sich Liefer- und Montagefirmen angehängt. Bestens geeignet für all diejenigen Kunden, die die Produkte und Preise bei *Ikea* zwar toll finden, aber nicht das entsprechende Vertrauen in ihre handwerklichen Fähigkeiten für die Montage aufbringen. Das Produkt plus Lieferung plus Montage ist zwar vielleicht gar nicht mehr günstiger als ein anderes vergleichbares, aber es fällt nicht auf, weil es nicht die eine, große Rechnung gibt. Wie schon mehrmals erwähnt: Wir sind alles Mögliche, aber rational in Bezug auf Preisentscheidungen sind wir oft nicht.

Obwohl eigene Branchen in manchen dieser Bereiche entstanden sind, gibt es immer noch Möglichkeiten und ungenutzte Potenziale. So könnte ein Immobiliensachverständiger nicht mehr nur die preislich bisweilen umkämpften Gutachten erstellen, sondern dem Käufer den Einkauf samt Verhandlung als Dienstleistung auf Erfolgsbeteiligungsbasis mit anbieten. Muss ein Friseur selbst waschen, schneiden, föhnen? Vielleicht ist es ja ein Geschäft, gut geschultes Personal (ggfs. Spezialisten in einem Bereich) anderen Friseuren bei urlaubs- oder krankheitsbedingten Personalengpässen gegen gutes Geld zur Verfügung zu stellen. Eine spezielle Form des Personalleasings. Gleiches könnte für andere gewerbliche Bereiche funktionieren, in denen die Dienstleistung losgelöst vom Unternehmen erbracht werden kann. Unser Friseur könnte natürlich auch nur den Salon samt Einrichtung zur Verfügung stellen und arbeitsplatzweise an selbstständige Friseure vermieten. Vom Friseur zum Vermieter. Warum nicht, wenn es sich rechnet? Muss eine Autowerkstatt selbst reparieren? Die Antwort lautet Nein. In einem Wiener Unternehmen, *Meine Mietwerkstatt* [★], können ambitionierte Do-it-Yourself-Automechaniker einen Werkstattplatz samt professioneller Ausstattung mieten und ihr Auto selbst reparieren.

Das Verkaufsgespräch, das 500 Euro kostet

Einen sehr gewagten und frechen, aber nicht uninteressanten Vorstoß hat ein Gebrauchtwagenhändler gemacht: Er hat sich das Verkaufsgespräch selbst bezahlen lassen. Aus einem Käufermarkt wie der Autobranche, auf dem sich die Verkäufer mit Rabatten gegenseitig fertigmachen, hat er versucht, einen Verkäufermarkt zu machen. Statt Push-Strategie, Pull-Strategie. Wie ging das?

Dem Besucher der Website wurden die Regeln gleich beim Einstieg ganz klargemacht. 200 Euro für eine Besichtigung (rückerstattbar bei Kauf des besichtigten Fahrzeuges) und das Ganze natürlich nur gegen Voranmeldung. Sollte der Kunde ein Beratungsgespräch mit genauerer technischer Besichtigung wünschen, wurden dafür 500 Euro nicht rückerstattbar fällig. Man könnte also mit Fug und Recht behaupten, *Netcar* ließ sich für das Verkaufsgespräch bezahlen. Eine mutige Strategie, wenn man die Autobranche kennt. Eine, die auch nur funktionieren kann, wenn Produkte und/oder Preise so interessant sind, dass der potenzielle Kunde diese Hürde in Kauf nimmt. Im Fall von *Netcar* [★]

trifft das zu, da dieses Unternehmen sich auf den Handel mit Gebrauchtfahrzeugen eher in den gehobenen Klassen zu tendenziell attraktiven Preisen spezialisiert hat. Eine genauere Analyse finden Sie übrigens im Beitrag: »Der Kunde bezahlt 500 Euro für ein Verkaufsgespräch.« [★] Im Vergleich dazu muss der normale Autoverkäufer im Normalfall mehrere unbezahlte Verkaufsgespräche und Probefahrten in Kauf nehmen, um ein Fahrzeug zu verkaufen. Dabei wird heutzutage im Extremfall am Neuwagen wenig bis gar nichts verdient. Die gesamte Deckungsbeitragshoffnung liegt darauf, dass der Kunde regelmäßig für Service und Ersatzteile wiederkehrt.

Doch ist es Ihnen vielleicht aufgefallen, dass ich über *Netcar* in der Vergangenheit geschrieben habe. Das Unternehmen gibt es nach wie vor, nur die Verkaufspolitik wurde geändert. Inzwischen müssen potenzielle Kunden sich registrieren (übrigens auch eine interessante Art, um Kunden zu filtern und die Begehrlichkeit zu steigern) und von den 200 bzw. 500 Euro Besichtigungsgebühr ist nichts mehr zu lesen. Warum es geändert wurde, entzieht sich meiner Kenntnis. War die alte Strategie vielleicht doch zu gewagt? Nichtsdestotrotz fand ich sie als Denkanstoß spannend genug, um sie in dieses Buch aufzunehmen.

Kapitel 9: Von Umsatzgeilheit zur Gewinnorientierung

Das Märchen der Gewinnorientierung

»Es war einmal ein Unternehmen, das ganz und gar am Gewinn ausgerichtet war. ...« So oder so ähnlich könnte ein Märchenbuch beginnen (eines für Unternehmer, Selbstständige und Führungskräfte wohlgemerkt). So paradox es klingt, die Gewinnfixierung, die Unternehmen, besonders größeren Unternehmen, oft vorgeworfen wird, ist genau betrachtet in vielerlei Hinsicht eine Mär, ein Lippenbekenntnis für Belegschaft, Eigentümer und Aktionäre. Vor allem bei Unternehmen, die von Managern und nicht mehr vom Unternehmer selbst geführt werden, gibt es eine Reihe von Faktoren, die operative, aber auch strategische Entscheidungen viel stärker beeinflussen als die Ausrichtung auf den maximalen Gewinn.

Manager sind Menschen und Menschen haben ihre eigenen individuellen Ziele und Wertmaßstäbe, die nicht zwingend mit denen der Organisation, für die sie tätig sind, übereinstimmen müssen. Und das tun sie oft tatsächlich nicht. Manchmal gehen diese eigenen Ziele mehr oder weniger zufällig in die gleiche Richtung, oft aber auch nicht. Und bisweilen gilt es Entscheidungen zu treffen, die vorteilhaft für den Gewinn des Unternehmens wären, aber Nachteile für die Führungskraft mit sich bringen würden (z.b., dass der Ruf der Führungskraft leiden würde oder beim Bonus deutliche Abstriche gemacht werden müssten). Hier stellt sich die Frage, wie im Einzelfall entschieden wird? Ich habe oft Entscheidungen erlebt, die deutlich nicht an einer vernünftigen, nachhaltigen Gewinnorientierung, sondern eher an einer kurzfristigen Optimierung anderer Nutzen ausgerichtet waren. Von den wilden Tricksereien rund um die Zulassungsstatistiken in der Automobilbranche z.b. habe ich an anderer Stelle bereits berichtet.

Doch nicht nur in der Kommunikation nach außen, sondern ebenso innerhalb der Unternehmen, in Meetings, bei Bekanntmachungen und Veranstaltungen jeglicher Art wird meist über die tollen Umsatzzahlen und Marktanteile berichtet (oder auch über die schwachen), aber sehr selten über die Gewinne (mit Ausnahme der Quartalszahlen bei börsennotierten Unternehmen, die ohnehin publiziert werden müssen).

Mit Verlusten zu neuen Kunden

Natürlich kann es bisweilen Sinn machen, kurzfristige Gewinnnachteile in Kauf zu nehmen, um die Position des Unternehmens am Markt zu stärken und später dafür höhere Deckungsbeiträge und Margen zu erzielen. Wenn daher die Ausrichtung auf Umsätze und Marktanteile von dieser Überlegung getrieben und sehr gut überlegt und kalkuliert ist, spricht im Einzelfall auch nicht unbedingt etwas dagegen.

Das klassische Konzept des »Loss Leader«-Angebotes im Einzelhandel entspricht dieser Denkrichtung. Man bietet für ein oder einige wenige Produkte einen aggressiv kalkulierten Preis (mit dem ggfs. sogar Verlust gemacht wird) mit dem Ziel, dadurch viele, idealerweise neue Kunden ins Geschäft zu locken, die dann – nachdem sie schon einmal da sind – auch gleich beim nicht reduzierten Sortiment kräftig zulangen. Geschickt gemacht lässt sich ein Händler die Aktion noch durch besonders günstige Einkaufspreise seitens des Lieferanten finanzieren, was die finanzielle Erfolgswahrscheinlichkeit erhöht.

In der Theorie eine tolle Sache, in der Praxis kann es, muss es aber nicht funktionieren. Das Geschäft von *Groupon* [★], der Gutscheinmarketingfirma, basiert auf dieser Idee. Unternehmen bieten *Groupon* gewisse Produkte oder Leistungen zu einem radikal reduzierten Einkaufspreis an. *Groupon* vermarktet diese dann mit Aufschlag zu immer noch sehr günstigen Preisen an die Endverbraucher. Restaurants, Masseure, Fitnessclubs, Maßschneidereien, Hotels oder Autovermietungen – auf *Groupon* findet sich eine breite Vielfalt von Angeboten. Die Frage ist allerdings, ob sich hiermit Stammkunden gewinnen lassen, die nach der Aktion dem Anbieter auch zu normalen Preise treu bleiben. Das mag manchen gelingen. Oft werden durch derlei aggressive Preisangebote aber nur Schnäppchenjäger angezogen. Es zeigt sich, dass Kunden, die wegen des Preises kommen, schnell wieder weg sind, wenn die Aktion vorbei ist. Über den Erotikversand *Beate Uhse* war vor Kurzem in den Medien zu vernehmen, dass die Gutscheinaktionen über Groupon und ähnliche Anbieter, auf die das Unternehmen offenbar eine Zeit lang recht intensiv gesetzt hatte, aus genannten Gründen zurückgefahren würden.

Warum Umsatz und nicht Gewinn?

Doch zurück zum Thema, dass viele Unternehmen den Gewinn gar nicht so sehr in den Mittelpunkt stellen, wie man meinen möchte. Das mag recht unterschiedliche Gründe haben. Die Unkenntnis der kurzfristigen, stückbezogenen, auftragsbezogenen oder kundenbezogenen Deckungsbeiträge und Gewinnzahlen, z.b. weil die Unternehmer diese entweder nicht berechnen konnten oder sie bisher einfach nicht berechnet hatten. Umsätze und Stückzahlen sind meist einfach zu erfassen und zu messen, aber wie viel im abgelaufenen Monat verdient wurde, ist oft schwierig und für viele unmöglich zu beantworten.

Es kann auch eine gewisse Zurückhaltung oder sogar Angst vorhanden sein, die Gewinne allzu bekannt zu machen. Warum? Hierzulande (und dabei spreche ich zumindest von Deutschland und Österreich) ist es nicht sehr imagefördernd für Unternehmer und Unternehmen, groß hinauszuposaunen, wie viel sie verdienen. Zu tief sitzen die oft vom christlichen Weltbild allzu stark geprägten Vorurteile und Assoziationen. Geld ist die Wurzel des Übels. Unternehmen sind gierig. Hohe Gewinne sind nur erzielbar, wenn die Grenzen der Moral und bisweilen die der Gesetze überschritten werden. Daher hüllen sich viele gutverdienende Individuen und Firmen gerne in stille Zurückhaltung, vor allem dann, wenn sie nicht verpflichtet sind mitzuteilen, wie viel verdient wurde (wie es bei Kapitalgesellschaften vorgeschrieben ist).

Und einmal abgesehen von der Öffentlichkeit: Was sollen denn die Mitarbeiter denken, wenn zu viel verdient wird? Da könnte ja der eine oder die andere auf dumme Ideen kommen, die mit Gehaltserhöhungen, Bonizahlungen oder größeren Firmenautos zu tun haben.

Doch eine Organisation kann sich nur an etwas orientieren und auf etwas fokussieren, das sie kennt. Menschen richten sich an dem aus, was sie oft hören und lesen, und das dadurch in ihrem geschäftsbezogenen Denken präsent ist. In der Psychologie gibt es den »Mere Measurement Effekt«. Dieser besagt, dass allein die Messung eines Faktors und die Mitteilung der Ergebnisse bereits eine Verbesserung in diesem Punkt bringt. Sogar ohne die Aufforderung, es besser zu machen oder sich mehr Mühe zu geben. Energie folgt auch in diesem Zusammenhang der Aufmerksamkeit. Wenn die Aufmerksamkeit der Organisation auf höhere Gewinne gelenkt wird, fließt dort verstärkt Energie hinein. Und das zeigt natürlich Wirkung.

Die gewinnorientierte Vertriebsorganisation

Was konkret aber kann es bedeuten, dem Thema Gewinn mehr Aufmerksamkeit zu geben? Im Grunde geht es darum, die Ausrichtung auf den Gewinn nicht nur oberflächlich zu kommunizieren, sondern in allen Teilbereichen des Unternehmens, vor allem im Vertrieb, der hier im Mittelpunkt steht, ganz tief zu verankern. Das Ziel ist, dass die Führungskräfte und Vertriebsmitarbeiter nicht Umsatz und Marktanteile im Blick haben, sondern den Gewinn und Deckungsbeiträge, und ihre Entscheidungen danach ausrichten.

Und ja, natürlich muss dabei auf kurz- sowie mittel- und langfristige Aspekte Bezug genommen werden. Kurzfristig mag es durchaus Sinn machen, den Gewinn oder Deckungsbeitrag aufgrund wohl überlegter Strategien nicht an die vorderste Zielfront zu reihen. Und ja, natürlich gibt es eine Menge anderer, nicht unmittelbar monetärer Ziele und Schwerpunkte, wie etwa Mitarbeiter- und Kundenzufriedenheit, Qualitätskennzahlen oder der Bekanntheitsgrad, die für den Unternehmenserfolg von entscheidender Bedeutung sind. Doch langfristig – und das sollten wir uns stets vor Augen halten – ist ein Unternehmen, das zu wenig Deckungsbeitrag oder keinen Gewinn erzielt, einfach nur tot.

Konkret ist dafür eine Kombination verschiedener betrieblicher Aktivitäten, Systeme und Prozesse notwendig.

Zum Teil werden Sie diese in Unternehmen bereits vorfinden, vielleicht auch in Ihrem. Als komplettes, aufeinander abgestimmtes System, das die Organisation dazu befähigt, wirklich gewinnorientiert zu agieren, ist das aber in der Realität nicht so häufig anzutreffen, wie die Öffentlichkeit glaubt. Besonders folgende Punkte, Faktoren und Vorgehensweisen sind entscheidend, wenn es darum geht, eine Vertriebsorganisation, vielleicht die Ihre, noch mehr auf das Ziel, hohe Gewinne, Deckungsbeiträge und Margen zu erzielen, auszurichten.

Erfassen und berechnen

Um überhaupt einen ersten Schritt in Richtung Gewinnorientierung im Vertrieb setzen zu können, braucht es Zahlen als Basis. Sie müssen wissen, welche Produkte, Geschäfte, Geschäftsfelder, Kunden, Verkäufer und Aufträge überhaupt wie viel Deckungsbeiträge oder Gewinne bringen. Und das nicht erst am Quartals- oder Jahresende, sondern unmittelbar tagesaktuell (oder zumindest so kurzfristig wie möglich). Denn nur, wenn Sie diese Informationen rasch verfügbar haben, können Sie auch kurzfristig reagieren, und das, was sich positiv auswirkt, verstärken bzw. korrigierend eingreifen, wenn die Richtung nicht stimmt.

Das bedeutet allerdings, dass insbesondere bei Produkten die Deckungsbeiträge jederzeit bekannt und für den Vertrieb ersichtlich sein müssen (was speziell bei Standardprodukten durchaus möglich ist). Wenn es darum geht, dem Kunden etwas anzubieten, kann sich der Verkäufer für die Variante mit dem höheren Deckungsbeitrag entscheiden. Natürlich kann das nur auf Basis des Kundenbedürfnisses passieren. Allerdings gibt es oft mehrere Möglichkeiten – ggfs. welche mit mehr und welche mit weniger Deckungsbeitrag –, dieses Kundenbedürfnis zu erfüllen. Und das bedeutet nicht unbedingt, dass es für den Kunden teurer wird. Es gibt jede Menge Beispiele, speziell im Handel, wo der Händler bei der hochpreisigeren Produktalternative weniger verdient, obwohl der Kunde mehr bezahlt. Speziell wenn Deckungsbeiträge in einem bestimmten Bereich, z.B. für einen größeren Kunden, noch nie kalkuliert wurden, kann es zu großen Überraschungen – zu positiven, aber öfter zu negativen – kommen. Es ist keine Seltenheit, dass Unternehmen speziell mit großen Kunden, die viel Umsatz machen (und daher auch besonders gute Konditionen erhalten), nur wenig Deckungsbeitrag erwirtschaften. Bisweilen sogar einen negativen. Und natürlich gibt es Referenzeffekte oder andere Nutzen, die man aus einer solchen Zusammenarbeit ziehen kann. Doch am Ende des Tages ist es der Gewinn, der ein Unternehmen ernährt. Das sollten Sie sich bei all dem immer wieder deutlich vergegenwärtigen.

Informieren

Sind die Daten entsprechend erfasst und berechnet, müssen diese an die Verkäufer und Führungskräfte kommuniziert werden. Jeder Verkäufer sollte die Deckungsbeiträge für das gesamte Sortiment an Produkten oder Dienstleistungen jederzeit im Zugriff haben. So wie auf der Preisliste für den Kunden die Einkaufs- und im Handel auch die empfohlenen Verkaufspreise stehen, heißt das für den Verkäufer, dass er eine Preisliste mit den Deckungsbeiträgen hat. Und wenn das zu komplex, zu schwierig oder zu heikel ist, kann mit Kategorien gearbeitet werden. Die profitabelsten Produkte sind grün markiert, die mittelprächtig profitablen orange und die, von denen man im Verkauf die Finger lassen sollte, wenn sie nicht unbedingt benötigt werden, sind rot. So wird so ein System einfach handhabbar, ohne gleichzeitig zu viel zu verraten oder irgendwelche Pferde scheu zu machen.

Diese Vorgehensweise würde konsequenterweise bedeuten, dass in Meetings primär Gewinne oder Deckungsbeiträge präsentiert werden und Umsätze oder Stückzahlen nur nachrangig. Verkäufer werden nicht wie bisher nach Umsätzen gereiht, sondern nach den Deckungsbeiträgen, die sie erwirtschaften – absolut wie relativ. Dabei kann es durchaus passieren, dass der Verkäufer mit dem größten Umsatz beim Deckungsbeitrag nur in den hinteren Rängen zu finden ist. Für die meisten Verkaufsorganisationen wäre das – in der extremen Ausprägung – ein ziemlicher Paradigmenwechsel.

Auch die Kundenstatistiken müssen der Logik folgend vor allem auf Deckungsbeiträgen basieren. Ist der Deckungsbeitrag bei einem Kunden zu schwach, kann man (und muss man auch) entsprechend reagieren. Diese Aktivitäten müssen sich aber nicht (nur) auf der Konditionenfront abspielen, sondern können auch z.b. über ein geändertes Sortiment gesteuert werden. Wenn ein Kunde dazu gebracht wird, mehr von den deckungsbeitragsstarken und weniger von den diesbezüglich schwächlichen Produkten zu kaufen (bzw. in Hersteller – Einzelhandelsbeziehungen zu verkaufen), ist eine Veränderung der Konditionen oder Preise nicht unbedingt nötig.

Marketingmitarbeiter und Produktentwickler müssen dazu mehr als bisher die Profitabilität des Produktes und des Sortimentes im Fokus haben. So sollte bei Preisaktionen vorab kalkuliert werden, wie viel die Aktion bringen muss, damit sie sich rechnet. Mir ist bewusst, dass es etliche potenzielle Umwegrentabilitäten geben kann, die schwer zu berechnen und vorherzusehen sind. Das entbindet allerdings nicht von der Aufgabe, zumindest die Basiszahlen kritisch zu prüfen, um eine erste grobe Idee zu erhalten, wo der Breakeven für die geplante Aktion liegen könnte.

Verkäufer als ersten Kunden betrachten

Wer sind eigentlich die Kunden in einem Unternehmen? Sind das jene Menschen oder Organisationen, die Geld bezahlen und dafür Waren oder Dienstleistungen erhalten? Ja, natürlich! Aber sind das die Einzigen bzw. noch wichtiger, sind das die Ersten? Wer muss zuerst vom Angebot eines Unternehmens überzeugt sein? Wenn Sie mich fragen, kommen lange vor den Kunden die eigenen Mitarbeiter, im Speziellen die Verkäuferinnen und Verkäufer. Denn die sind es, die ihrerseits die Kunden überzeugen sollen. Und das funktioniert deutlich besser, wenn sie selbst hinter ihrem Angebot und ihren Preisen stehen. Sonst wird es ganz schwer, etwas zu verkaufen, geschweige denn hohe Preise und Deckungsbeiträge umzusetzen. Wenig überzeugte und uninspirierte Verkäufer lassen sich erfahrungsgemäß in Preisgesprächen sehr viel einfacher und stärker die Preishosen ausziehen, als jenen, die wissen, dass sie ein tolles Angebot zu einem dafür mehr als fairen Preis haben.

Sehen und behandeln Sie daher Ihre Vertriebsmannschaft so, wie Sie Kunden behandeln würden. Erklären Sie ihnen immer wieder, wie groß der Nutzen der Produkte und die Vorteile der Dienstleistung im Vergleich zum Wettbewerb sind. Wenn Ihr Verkauf den Eindruck gewinnt, Riesenglück zu haben, Ihr Sortiment verkaufen zu dürfen, haben Sie gute Chancen, wirklich profitable Geschäfte zu machen. Und sollten Sie keine Verkäufer haben, gilt eben Geschriebenes natürlich genauso für Sie selbst.

Verkäufer nach Deckungsbeitrag bezahlen

Doch Information allein ist möglicherweise zu wenig, wenn es keine Konsequenzen gibt. Soll der Gewinn im Vertrieb forciert werden, müssen Verkäufer nach Deckungsbeiträgen, die sie erwirtschaften, gemessen, beurteilt und bezahlt werden. Zumindest das ist in etlichen Organisationen bereits der Fall, wenngleich noch lange nicht in allen. Ich finde in Projekten häufig Unternehmen vor, deren Verkäufer in Abhängigkeit von ihrem Umsatz, bisweilen sogar vom Teamumsatz entlohnt werden. Auch wenn in Unternehmenskulturen heute viel vom Teamgedanken gesprochen wird, weiß ich aus Erfahrung, dass es gerade im Verkauf oft Situationen gibt, in denen es gute Einzelkämpfer leichter haben. Der Teamgedanke sollte nur dort vorangetrieben werden, wo Teamwork einen Zusatznutzen bringt bzw. absolut notwendig ist. Ich habe oft den Eindruck, dass die Teamwelle geritten wird, weil sie gerade modern ist.

Ziele und Spielräume gut abwägen

In meiner Arbeit mit Vertriebsorganisationen habe ich wiederholt festgestellt, dass Menschen dazu tendieren, die Spielräume, die ihnen gewährt werden, auch auszunutzen. Wenn mir meine Eltern als Jugendlicher gesagt haben, ich müsse um spätestens Mitternacht zu Hause sein, war es schon mal Viertel nach, aber so gut wie nie 22 Uhr oder 23 Uhr. Und wenn Sie ein Uhr Früh gesagt hätten, wäre es Viertel nach eins gewesen und selbiges hätte für 23 Uhr gegolten. Genauso ist bei Verkaufsaktionen zu beobachten, dass knapp vor Ende des Aktionszeitraumes, bei Online-Verkäufen sprichwörtlich bis zur letzten Minute noch eine Umsatzspitze entsteht. Es gibt Kunden, die sich fünf Minuten nach Ablauf der Aktion noch beschweren, weil sie nicht mehr zum Zug kommen. Nicht, dass sie nicht schon zwei Wochen von der Aktion gewusst und mindestens fünf Erinnerungsmails dazu erhalten hätten.

Wenn wir uns diese zutiefst menschlichen Verhaltensgrundmuster ansehen, ist es nur mehr als verständlich, dass diese im Verkauf ebenso wirken. Verkäufer werden sich nach den vom Unternehmen vorgegebenen Preisen und Konditionen richten. Und sie werden die Konditionsspielräume tendenziell ausnutzen. Bis zum Anschlag und bisweilen etwas darüber hinaus. Vor allem dann, wenn sie merken, dass die leichte Grenzüberschreitung toleriert wird, weil das Ergebnis passt, der Umsatz geholt oder der Neukunde gewonnen wurde.

Doch Achtung: Wenn eine Viertelstunde toleriert wird, dann vielleicht auch eine halbe usw. ... Wir sind beständig daran, solche Grenzen auszuloten und weiter nach außen zu schieben. Was bei mir als Jugendlichem nicht so dramatisch war (zumindest aus meiner Sicht), kann für Vertriebsorganisationen und Unternehmen desaströse Auswirkungen haben. Sie erinnern sich, welch gewaltigen Einfluss 1 % mehr Rabatt auf das Unternehmensergebnis haben kann. Selten erlebe ich Verkäufer, die konsequent (nicht nur mal bei einem Einzelgeschäft) weniger als den zur Verfügung stehenden Spielraum nutzen. Das sind allerdings über das Jahr hinweg betrachtet auch jene, die den deutlich höheren Deckungsbeitrag als der Rest der Truppe erwirtschaften.

Selbst, wenn – wie zuvor empfohlen – die Verkäufer nach Deckungsbeitrag bezahlt werden, ist das noch lange kein Garant dafür, dass diese immer den Deckungsbeitrag und dessen Optimierung im Fokus haben. Der Spatz in der Hand ist vielen lieber als die Taube am Dach und ein schlechtes, aber immerhin abgeschlossenes Geschäft bringt auch ein paar Euro Provision.

Es muss daher sehr genau abgewogen werden, welche Ziele und Grenzen an die Verkaufsorganisation kommuniziert werden. Immer in dem Wissen, dass diese auch genutzt werden. Sind bis zu 3 % Rabatt möglich werden 3 % genutzt, sind bis zu 2,5 % möglich, sind es eben diese 2,5 %, die ausgeschöpft werden. Allein durch das Verändern der Grenzen können Sie das Ergebnis massiv beeinflussen. Gleichzeitig muss Ihnen aber bewusst sein, dass Verkäufer, die mit 2 %,

1% oder vielleicht sogar ganz ohne Rabatte ausgekommen wären, die 2,5% tendenziell auch nutzen werden. Schließen Sie aber Rabatte kategorisch aus (was eine Strategie sein kann, in manchen Fällen sogar eine sehr spannende) und ziehen das durch, riskieren Sie potenzielle Kunden und Geschäfte knapp, aber doch zu verlieren. Keine einfache Entscheidung also, die Grenzen so zu setzen, dass diese für das Unternehmen das optimale Ergebnis bringen.

Manchmal empfehle ich Führungskräften, zwei Ziele bzw. Grenzen zu definieren. Den echten Zielwert und einen »Wenn-es-unbedingt-sein-muss-und-es-sich-gar-nicht-vermeiden-lässt-Wert«. Die Inanspruchnahme dieses zweiten Wertes wird bisweilen durch ein zusätzliches Okay, das vom Chef extra eingeholt werden muss, erschwert und abgesichert. Das bedeutet aber aus meiner Erfahrung nicht, dass dieser zweite Wert nicht genutzt wird. Führungskräfte sind in diesem Punkt auch nur Menschen und nutzen die Spielräume, selbst wenn sie diese selbst definiert haben.

Daraus ergibt sich eine auch für Selbstständige und Unternehmer wesentliche Erkenntnis: Selbst, wenn Sie Ihre Preise selbst festlegen und alle Verkaufsgespräche selbst führen, legen Sie Ihre eigenen Grenzen genauso fest, als ob Sie eine Heerschar von Verkäufern damit steuern müssten. Ich selbst konsultiere für Angebote von größeren Projekten jedes Mal meine Preisliste und richte mich danach.

Führungskräfte nach Deckungsbeiträgen entlohnen

Doch nur das Einkommen der Verkäufer an die erwirtschafteten Deckungsbeiträge zu koppeln, würde zu kurz greifen. Die wirklich gewichtigen Entscheidungen, die die Deckungsbeiträge und Gewinne oft im großen Stil beeinflussen, werden ja nicht vom Verkaufsteam, sondern von den Führungskräften getroffen. Um eine wirklich gewinnorientierte Vertriebsorganisation zu erschaffen, müssen allen voran die Führungskräfte auch nach Erreichung von Deckungsbeitragszielen entlohnt werden.

Generelle Gewinnziele greifen meiner Ansicht nach zu kurz. Zu oft wird dabei der Fokus stark oder ausschließlich auf die Kostenseite gelenkt und die Preisseite findet zu wenig Beachtung. Zu verlockend ist es für Führungskräfte ansonsten, den Umsatz und die Marktanteile kurzfristig über Rabatte und aggressive Preise zu pushen und so eine gute Figur zu machen. Die Löcher, die damit in die Unternehmensgewinne gefressen werden, werden dann bisweilen, ebenfalls kurzfristig, z.B. über massive Einsparungen durch Entlassungen oder Stilllegungen kompensiert. Auch Sondereffekte durch den Verkauf von Unternehmensteilen können den Gewinn unter dem Strich gut aussehen lassen, obwohl die Deckungsbeiträge ausgehöhlt sind und der ganze Vertrieb auf wackeligen Beinen steht.

Worum es mir geht, ist nicht die kurzfristige Gewinnmaximierung, sondern die mittel- und langfristige. Und diese muss, damit sie nachhaltig ist, sehr stark von gesunden, hohen Deckungsbeiträgen mitgetragen werden. Entscheidend ist es daher in der Beurteilung und Entlohnung, vor allem von Führungskräften, auch dieses mittelfristige Element zu berücksichtigen. Es darf nicht nur der Gewinn betrachtet werden. Die Art und Weise, wie er zustande kommt und wo er erwirtschaftet wird, hat wesentliche Bedeutung.

Gehen Sie davon aus, dass es – wie immer bei Veränderungen in Organisationen – eine Zeit dauert, bis diese Veränderungen, so klein sie im Einzelnen erscheinen mögen, die Organisation wirklich durchdrungen haben. Es wird Verkäufer geben, die es als ungerecht empfinden, dass ein anderer hochgelobt wird, obwohl sie selbst den höchsten Umsatz erzielen. Es wird Kunden geben, die es nicht verstehen, wenn plötzlich ihre Konditionen gekürzt werden sollen, die jahrelang in Ordnung waren. Jetzt sind sie plötzlich zu hoch?

Und es wird vor allem Führungskräfte geben, die sich in den neuen Rahmenbedingungen gar nicht mehr so wohlfühlen. Doch Trennung ist oftmals nichts Negatives, sondern, in normalen Maßen, ein gesunder Bereinigungsprozess. Es gibt keine schlechten Mitarbeiter, sondern nur welche, die den falschen Job haben! ... wie es so schön heißt. Und wenn sich die Ausrichtung eines Unternehmens ändert, ist das eben oft mit einem Veränderungsprozess in der Belegschaft verbunden.

Auf der Website zum Buch finden Sie auch das E-Book: »Hilfe! Meine Verkäufer geben zu viel Rabatt!« zum Download. [★] In diesem finden Sie möglicherweise noch den einen oder anderen zusätzlichen Impuls zum Thema »gewinnorientierte Vertriebsorganisation«.

Kapitel 10: Raus aus der Komfortzone!

Abgesehen von den in diesem Buch bereits beschriebenen Preisstrategien, Vorgehensweisen in der Führung von Vertriebsorganisationen und der konsequenten Arbeit an allen Levels der Wertpyramide braucht es vor allem aber auch eines, um als Unternehmerin oder Unternehmen erfolgreich zu wachsen oder als Verkäufer oder Selbstständige mehr Geld zu verdienen. Alle müssen bereit sein, die Komfortzone zu verlassen. Und das immer wieder. Als tägliche Übung sozusagen. Was bedeutet das? Lassen Sie mich zu diesem Zweck einen gedanklichen Schritt zurückgehen.

Was Sie hier sehen, ist das sogenannte Stretchzonenmodell, das aus vier Zonen besteht. Die eben genannte Komfortzone ist eine davon. Das Konzept und seine grundlegende Bedeutung für Ihren Erfolg werde ich Ihnen anschließend kurz erörtern. Sehr viel mehr dazu finden Sie im Buch »Der Strechfaktor«. Eine Beschreibung sowie eine Leseprobe finden Sie auf der Website zum vorliegenden Buch. [★]

Die Komfortzone

Die Komfortzone ist nur ein Bereich des Lebens, wenngleich einer von vieren (siehe Abbildung 7), in dem wir uns sehr gerne und sehr oft aufhalten. Verständlicherweise. Da ken-

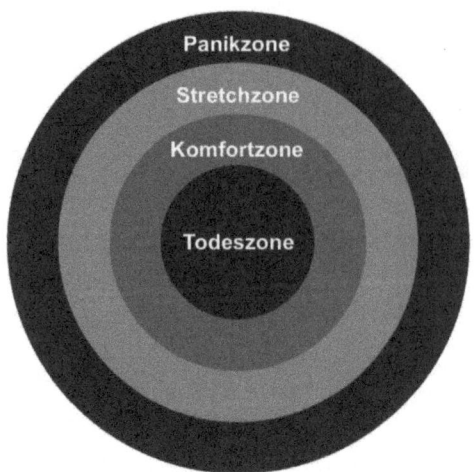

Abb. 7: Stretchzonenmodell

nen wir uns aus. Da fühlen wir uns sicher. Da ist es angenehm und bequem. Da können wir uns erholen und unsere verbrauchten Ressourcen auffüllen. Da können wir durchaus gewisse Fähigkeiten ausbauen, verfeinern, verbessern. Doch eines – und das muss uns bewusst sein – gibt es nicht: wirklichen Fortschritt und echte Weiterentwicklung. Die großen Schritte. Die Überschreitung von Grenzen. Das wahrhaft Neue. Die Revolution. Der große Durchbruch oder auch nur das nächste Level.

Die Komfortzone hat viel mit Gewohnheit und Routinen zu tun und ist – in diesem Punkt möchte ich nicht falsch verstanden werden – eminent wichtig. Gerade die konsequente Umsetzung von Verhaltensweisen in Form von Routinen oder Ritualen kann eine wesentliche Basis für Erfolg sein. Durch die beständige Wiederholung des Immer-Gleichen können wir zwar die Grenzen der Komfortzone ausloten, aber eben nicht überschreiten.

Die Todeszone

Gleichzeitig wächst die Todeszone aus der Mitte heraus bedrohlich und beständig. Die Todeszone ist das Symbol für maßlos übertriebene Routinen oft in Bereichen, in denen sie nicht nötig sind und keinen Mehrwert haben. Wenn ein Golfer auf der Driving Range immer wieder dieselben Schläge übt, ist das nötige Routine, eine wichtige Übung, um das Spiel zu verbessern. Wenn jemand seit 15 Jahren jedes Jahr in derselben Kalenderwoche in dasselbe Hotel auf Urlaub fährt, dort »sein« Zimmer hat und am ersten Abend in »seinem« Lokal an »seinem« Tisch sitzt und genau dasselbe Gericht konsumiert wie jedes Jahr, hat das mit Übung nichts zu tun. Vielmehr ist es oft ein Zeichen von Erstarrung, Unflexibilität und Stillstand.

Keine Angst, ich will Ihnen Ihr geliebtes Urlaubshotel nicht wegnehmen. Es stellt sich aber die Frage, ob es anders denkbar wäre. Wenn jemand z.b. dieses Urlaubsmuster hat, doch jederzeit stattdessen woanders Urlaub machen könnte, ist ja alles in Ordnung. Es gibt allerdings Menschen, für die es unvorstellbar wäre, in einer anderen Woche des Jahres Urlaub zu machen, ein anderes Zimmer zu belegen oder, Gott behüte, gar nicht mehr in »ihr« Hotel zu fahren. Wenn das der Fall ist, steckt man tief in der Todeszone. Man hat kaum mehr Verhaltensspielräume. Durch die Ausweitung der Todeszone hat diese große Teile der Komfortzone von innen her aufgefressen. Der Wohlfühlbereich der Komfortzone ist nur mehr ein ganz schmaler.

Kein Zustand, der attraktiv erscheint. Auch für Unternehmen oder Unternehmer nicht. Unternehmen, die derart tief in der Todeszone stecken, sind akut vom wirtschaftlichen Untergang gefährdet. Zeichen dafür sind in vielen Firmen nicht selten anzutreffen. Überdimensional aufgeblähte Administrationen, Kompendien von Regeln und Vorschriften. Heerscharen von Mitarbeitern, die vor zehn Jahren innerlich bereits gekündigt haben, aber dummerweise immer noch morgens kommen und pünktlich um 17 Uhr gehen und selbstverständlich Gehalt beziehen. Ein Produktportfolio, dessen Umsatz nur noch von einem Produkt aufrechterhalten wird, das vor zehn Jahren *die* Neuheit am Markt war. Die Zeichen sind für alle sichtbar, was nicht heißt, dass sie von den Entscheidern auch erkannt werden und schon gar nicht bedeutet, dass etwas dagegen unternommen wird.

Obwohl der Zustand so tief in der Todeszone kein angenehmer ist, tendieren wir dennoch dazu, darin zu verharren. Warum? Weil wir zumindest wissen, wie unangenehm dieser ist. Eine Veränderung könnte zwar eine Verbesserung mit sich bringen, aber die damit verbundenen Gefahren sind nicht zu unterschätzen. Und so akzeptieren wir eben oft und manchmal unglaublich lange die bekannten Übel der Todeszone.

Die Panikzone

Obwohl sie im Diagramm weit voneinander entfernt sind, ist der Weg von der Todes- in die Panikzone ein sehr kurzer. Vor allem, wenn die Todeszone sich stark ausgedehnt hat und die dazwischenliegende Komfort- und Stretchzone aufgrund dessen nur sehr schmale Bereiche sind. Um bei dem Urlaubsbeispiel von vorhin zu bleiben, kann es den tief in der Todeszone steckenden Urlauber leicht in (messbare) Panik versetzen, wenn er erfährt, dass »sein« Zimmer bereits vergeben wurde oder gar sein geliebtes Hotel die Pforten für immer geschlossen hat.

Oder stellen Sie sich einen Buchhalter mit 30 Jahren Erfahrung in der Debitorenbuchhaltung vor, dessen Job wegrationalisiert bzw. nach Indien verlegt wurde. Gleichzeitig werden im Verkauf Mitarbeiter gebraucht, die sich um die

Neukundenakquise kümmern. Ein solches Jobangebot, das selbst viele erfahrene Verkäufer durchaus fordert (wie ich immer wieder feststelle), würde unseren Buchhalter sehr wahrscheinlich unmittelbar in die Panikzone befördern. Fairerweise muss aber gesagt werden, dass es umgekehrt für den Verkaufsprofi dasselbe wäre, wenn er von nun an tagein, tagaus Spesenabrechnungen kontrollieren und verbuchen müsste.

In der Panikzone sind wirkliche Veränderungen möglich, allerdings auf die harte, oft schmerzhafte Tour. Change or die! ... heißt es im Extremfall. Ein Betroffener muss rasch schwimmen lernen, oder geht unter. Unternehmen, deren Hauptprodukte durch technologische Veränderungen innerhalb kürzester Zeit unverkäuflich werden, sind z.b. in einer solchen Lage. Manche schaffen es dann doch, das, was sie über Jahre verschlafen haben, noch aufzuholen, viele aber nicht. Kodak hatte, wie erwähnt, die Digitalfotografie bereits in der Schublade, wollte sich aber nicht selbst Konkurrenz damit machen. Sehr, sehr tief in der Todeszone! So lange nicht, bis es dann eben die Mitbewerber getan haben. Der Rest der Biografie des Weltmarktführers ist bereits Geschichte. »Too big to fail« ist ein modernes Märchen.

Die Stretchzone

Zum Glück gibt es in diesem gefährlichen und ungemütlichen Umfeld der Todes- und Panikzone einen Lichtblick, einen Ausweg aus diesem Desaster. Die Stretchzone. Die Stretchzone ist jener Bereich, der außen an die Komfortzone anschließt. Dort ist es anders, ungewohnt, bisweilen anstrengend, manchmal ein klein wenig »gefährlich«, oft ungemütlich. Wir fühlen uns dort daher im ersten Moment etwas unsicher, unbehaglich, leicht desorientiert. Wir sind etwas überfordert. Doch leichte

Überforderung ist nicht nur gut, sondern absolut notwendig für echtes Wachstum und wirkliche Veränderung. So wie wir den Bizeps etwas überfordern müssen, damit er wächst. Mit der 0,5-kg-Hantel führt das Training zu nichts, außer einer Sehnenscheidenentzündung im Ellenbogen vielleicht. Der bewusste Vorgang, die Komfortzone zu verlassen, das absichtliche Hinausgehen aus dieser, das Überschreiten ihrer Grenzen heißt Stretching. Und wofür ist das wichtig? Durch Stretching wächst die Komfortzone. Was heute noch etwas ungewohnt und gefährlich erscheint, ist morgen bereits etwas vertraut und übermorgen schon angenehm. Die Muskeln wachsen, nicht nur im biologischen, sondern auch im übertragenen Sinn.

In der Stretchzone ist echtes Wachstum, wirklich Veränderung, dramatischer Fortschritt möglich. Neues hat dort viel Raum, sich zu entfalten. Bezogen auf das wirtschaftliche Umfeld ist das für einzelne Mitarbeiter, Führungskräfte oder Unternehmer wie für Unternehmen und Organisationen als Ganzes so. Wer wachsen will, wer seinen wirtschaftlichen Erfolg in Form von Preisen, Deckungsbeiträgen, Honoraren, Gewinnen oder bloß Umsätzen steigern will, ist gut beraten, die Komfortzone zu verlassen. Speziell, wenn es noch nicht unbedingt notwendig ist. Denn, sobald es notwendig ist, ist die Gefahr, dass es möglicherweise zu spät ist, bereits recht hoch.

Viele der in diesem Buch besprochenen Themen, Strategien, Vorgehensweisen oder Gedanken haben nicht nur mit dem Verlassen der Komfortzone zu tun, sie beruhen vielmehr darauf. Das Stretching ist eine essenzielle Grundlage, um mehr wirtschaftlichen Erfolg zu erreichen. Stretching beginnt im Kleinen. Bei einem Preisgespräch beim Verkauf eines Pkws etwa doch noch 100 Euro mehr herauszuholen, ist mit Stretching verbunden. Und Stretching endet im Großen. Die langfristigen Unternehmensziele von einem Marktanteilsziel auf ein Gewinnziel umzustellen, bedarf massiver

Anstrengung und deutlichen Umdenkens für die komplette (Vertriebs-)Organisation.

Nein – das profitabelste Wort der Welt

Stretching wird gerne falsch verstanden. Als einseitige Betonung des immer mehr, immer weiter, höher, schneller. Das mag in vielen Fällen so sein. Genauso kann Stretching auch »weniger« bedeuten. Doch das muss nicht so sein. Im Grunde drückt Stretching einfach nur das Verlassen des Gewohnten aus. Gerade für Menschen und Organisationen, die vom »Immer-Mehr« getrieben sind, kann Weglassen, Verzichten und Entrümpeln massives Stretching bedeuten. Oftmals ist das sogar sehr viel schwieriger und mühsamer, als Neues hinzuzufügen. Das in diesem Zusammenhang oft notwenige Wort »Nein« ist eines der am schwierigsten auszusprechenden Worte überhaupt.

Dabei kann Nein gleichzeitig eines der profitabelsten Worte sein, bisweilen vielleicht sogar das profitabelste Wort der Welt. Warum? Weil diese vier Buchstaben den Schlüssel zu mehr Deckungsbeitrag, mehr Gewinn und höheren Preisen und Honoraren bilden.

Sagen Sie NEIN zu Tätigkeitsbereichen

Dieses Nein hat mit Ihrer Positionierung zu tun. Und diese ist – wie bereits ausführlich im Rahmen der Pyramide erläutert – extrem wichtig für die Erzielung hoher Deckungsbeiträge, Preise und Honorare. Wofür stehen Sie? Wofür nicht? Welche Produkte oder Dienstleistungen bieten Sie an? Welche nicht? Eine punktgenaue, klare, messerscharfe Positionierung entsteht im viel stärkeren Maße durch das Weglassen von überflüssigem und verwirrendem Ballast. Das erlebe ich gerade in der Beratung von Unternehmern häufig. Und dieses Weglassen basiert auf einem klaren Nein. Ohne Neins ähnelt das Unternehmen einem der Bauchläden, wie sie recht oft anzutreffen sind.

Sagen Sie NEIN zu Kunden

Jeder, der etwas verkauft, hat Kunden, zu denen er – im Nachhinein betrachtet – lieber Nein gesagt hätte. Weil sie sehr viel mehr Zeit, Mühe und Nerven kosten, als das der Preis rechtfertigt. Im Nachhinein ist man immer schlauer. Dennoch können Sie einen guten Teil dieser Fälle im Voraus verhindern. Wenn Sie wissen, wer die perfekten Kunden für Ihre Produkte oder Dienstleistungen sind, können Sie Ihr Angebot sehr viel besser auf diese abstimmen. Und je besser das gelingt, desto einfacher, rascher und zufriedenstellender wird das Verkaufen sein. Im Idealfall geht das mühelos, wie von selbst.

Viel zu oft mühen sich Unternehmen und Verkäufer damit ab, potenzielle Kunden von ihren Produkten oder Dienstleistungen zu überzeugen. Das muss zwar kein Zeichen dafür sein, dass es sich um die falschen, nicht perfekt passenden Kunden handelt, ist es aber oft. Im Vorfeld genau zu definieren, wer die perfekten Kunden sind und zu welchen Sie daher konsequenterweise Nein sagen sollten, erspart Ihnen bzw. Ihrer Organisation eine Menge Kraft.

Und ja, ich weiß schon, einen möglichen Kunden bzw. ein Projekt abzulehnen, fällt jedem Verkäuferherz besonders schwer. Doch glauben Sie mir: Es fühlt sich unglaublich gut an und stärkt den Rücken enorm. Darüber hinaus tun Sie damit nicht nur für sich selbst, sondern ebenso für Ihren Interessenten etwas Gutes. Auch wenn das etwas hart klingen mag. Die Gefahr, dass der potenzielle Kunde mit Ihrem Produkt nicht glücklich wird, ist manchmal zu groß. Und das ist meist schlechter, als ihn gar nicht zu gewinnen.

Sagen Sie NEIN zu Preisforderungen

Nachdem es in diesem Buch um den Preis geht, bezieht sich das Neinsagen natürlich auch ganz konkret auf Preisgespräche. Sagen Sie Nein zu Preisforderungen Ihrer (potenziellen) Kunden, wenn diese dazu führen, dass Sie Ihre gesteckten Preisziele nicht erreichen. Sie müssen nicht auf jeden Preis des Verhandlungspartners eingehen. Müssen Sie gar nicht. Der im Prinzip erste, und wenn er gelingt, profitabelste Schritt in einer Preisverhandlung kann ein klares Nein zu den Preisforderungen der Gegenseite sein. Diese vier Buchstaben an der richtigen Stelle können Ihnen enorm viel Geld sparen bzw. bringen oder natürlich auch kosten, wenn Sie diese nicht über die Lippen bringen.

Gott (oder wer immer in Ihre religiöse oder weltanschauliche Haltung passt) möge Ihnen helfen, sollte Ihr Gegenüber bei einer Preisverhandlung mitbekommen, dass Sie nicht Nein sagen können oder sich zumindest sehr schwer damit tun. Wenn Sie dann keinen ausgesprochenen Menschenfreund als Verhandlungspartner haben, ist die Wahrscheinlichkeit, dass Ihnen die Hosen nicht nur bis zu den Knöcheln hinuntergezogen werden, sondern Sie diese ganz verlieren, enorm groß.

Sagen Sie NEIN zu allen Versuchungen entlang des Weges

Und last, but not least: Sagen Sie generell Nein, zu allen möglichen Versuchungen, die tagtäglich entlang des Weges auf Sie zukommen. Diese Versuchungen umfassen alles, was Ihren Fokus von Ihrem Ziel wirtschaftlich erfolgreich ein Unternehmen zu führen, profitabel zu verkaufen oder – für selbstständige Dienstleister – hohe Honorare und ein attraktives Einkommen zu erzielen, ablenkt.

Ich erhalte geschätzte fünfmal pro Tag per E-Mail oder über Social-Media-Angebote für neue Geschäftsmöglichkeiten, meistens solche, die von zu Hause aus, ganz ohne Arbeit viele Tausend Euro pro Monat (und bisweilen pro Tag) bringen. Ganz ohne Risiko versteht sich. Eine Versuchung, auf die ich (aus eigener leidvoller Erfahrung) gelernt habe, zu verzichten. Täglich poppen neue Social Media und Kanäle auf, auf denen Sie als Unternehmer präsent sein könnten. Und ja, einige wenige werden sich entwickeln und vielleicht zum neuen Facebook. Und dennoch stellen sie eine Versuchung dar. Derlei Versuchungen gibt es nicht nur für kleine und kleinste Unternehmen, sondern auch für die ganz großen. Ein Mitbewerber steht zum Verkauf oder ein Unternehmen durch dessen Übernahme man das Geschäftsfeld deutlich erweitern oder gar in eine ganz neue, scheinbar attraktive Branche vordringen könnte. Eine Versuchung, der sogar *Google* durch die Übernahme (und Wiederverkauf nach weniger als zwei Jahren) von *Motorola* erlegen ist. Und von der viele Milliarden teuren Versuchung in Form der Fusion mit Chrysler, der Daimler nicht wiederstehen konnte, einmal ganz zu schweigen.

Natürlich, werden manche Leserinnen und Leser an dieser Stelle vielleicht und zu recht einwenden, kann sich die eine oder andere Versuchung ja als tatsächlicher Glücksgriff und profitables Geschäft entpuppen. Nur sind diese Glückgriffe stark in der Minderzahl. Von hundert Versuchungen, die an uns herangetragen werden, sind es am Ende wahrscheinlich zwei oder drei, denen zu erliegen sich lohnt. Was konsequenterweise bedeutet 97-mal Nein zu sagen und nur dreimal Ja. Zu welchen dreien aber sollten wir Ja sagen? Die korrekte Antwort auf diese Frage unterscheidet die wenig bis mittelprächtig erfolgreichen Unternehmer und Unternehmen von den extrem erfolgreichen.

Nein sagen ist schwer

Warum ich dann dem Nein so viel Platz widme? Weil ich immer wieder sehe, dass die Gefahr, zu selten Nein zu sagen, sehr viel größer ist als das Risiko, das wir auf uns nehmen, wenn wir zu oft Nein sagen. Zu tun hat das mit dem Umstand, dass wir einfach lieber Ja als Nein sagen. Es fällt uns schwer, sehr schwer sogar Nein zu sagen. Im sozialen Umfeld befürchten wir unterschwellig Kollegen, Mitarbeiter, Vorgesetzte, Kunden, andere Menschen durch unser Nein vor den Kopf zu stoßen. Wir befürchten, Umsatz zu verlieren, wenn wir Kunden oder Projekte ablehnen. Und wir haben Angst, Markt und Bedeutung zu verlieren, wenn wir unsere Positionierung als Unternehmen zuspitzen. Nein sagen ist für Menschen eines der schwierigeren Dinge, geschäftlich aber gleichzeitig eines der wichtigsten. Schon allein deshalb hat sich das Nein diese paar Absätze hier verdient.

Nicht um jeden Preis!

Ja, natürlich wollen wir Geschäfte machen, aber gute Geschäfte, und nicht Geschäfte um jeden Preis! Wir wollen Kunden gewinnen und von unseren Produkten und Dienstleistungen überzeugen. Aber nicht um jeden Preis. Und wir wollen die besten Verkäufer und Führungskräfte gewinnen und halten. Aber nicht um jeden Preis bzw. in diesem Fall nicht zu jedem Gehalt. Kunden wie Verkäufer, die vor allem oder nur wegen des Preises bzw. Gehalts kommen oder bleiben, gehen auch wegen des Preises, sobald jemand anderes weniger verlangt oder besser zahlt.

Und mit solchen Kunden und Mitarbeitern können Sie vielleicht die eine oder andere Schlacht gewinnen und ein wenig Profit erwirtschaften, aber ohne Nachhaltigkeit. Um ein nachhaltig profitables Unternehmen und langfristig gewinnbringende Geschäfte zu betreiben, brauchen Sie Kunden, die von Ihnen kaufen, nicht wegen des niedrigen, sondern trotz des hohen, vielleicht sogar sehr hohen Preises. Kunden, die verstanden haben, dass sie selbst durch Ihr Produkt bzw. Ihre Dienstleistung weit mehr profitieren, als sie dafür bezahlen. Kunden, die Sie wegen Ihres Wertes schätzen und nicht wegen Ihrer Rabatte.

Und Sie brauchen natürlich Mitarbeiter bz w. im Falle von Kleinstunternehmen und Selbstständigen, Partner, die für Sie arbeiten, weil die Chemie stimmt, weil die Ziele und Visionen dieselben sind und weil diese extrem spannend finden, was Sie tun, und unbedingt ihren Teil zum Gelingen beitragen wollen. Sie brauchen Partner und Mitarbeiter, die natürlich erwarten, für ihre Leistung vernünftig und fair entlohnt zu werden, die aber weder wegen des Geldes kommen, noch wegen des Geldes bleiben. Denn das sind genau diejenigen, die Sie auch nicht wegen des Geldes verlassen werden.

Solchen Menschen fällt es leicht, Kunden zu überzeugen und zu gewinnen. Denn der Wert dessen, was sie verkaufen, ist in ihren eigenen Köpfen groß. Entschuldigen Sie, liebe Leserinnen und Leser, den vielleicht etwas oft genutzten Ausdruck, aber er passt hier so gut: Diese Mitarbeiter bzw. Geschäftspartner oder auch Lieferanten brennen. Und jemandem, der brennt, dem fällt das Entzünden leicht.

Ich war (bzw. bin) in den vielen Jahren meiner Tätigkeit

als Führungskraft und in den inzwischen vielen Jahren meiner unternehmerischen Tätigkeit in der glücklichen Situation, viele solcher Mitarbeiter, Kollegen, Vorgesetzten und Partner gehabt zu haben (bzw. immer noch zu haben). Ist es mir immer gelungen, mit den richtigen Menschen zu arbeiten? Nein, nicht immer. Aber ich habe deutlich öfter die richtige Wahl getroffen als die falsche. Und dafür bin ich als Unternehmer sehr dankbar. Denn das gibt mir die Kraft und die Zuversicht weiterzumachen, Neues zu beginnen, Altes loszulassen, mich aus der Komfortzone hinauszubewegen. Natürlich habe ich noch viel vor. Und ich weiß, ich kann vieles für mich und andere erreichen. Aber es sind meine Ziele und mein Weg. Und es ist meine Entscheidung, diesen morgen schon zu ändern. Diese Gewissheit gibt mir die nötige Gelassenheit und Lockerheit ihn zu gehen. Zu wissen, ich kann, ich will, aber ich muss nicht. *Nicht um jeden Preis.*

Anhang

Über den Autor

Mag. Roman Kmenta ist als Unternehmer, Keynote Speaker, Berater und Autor seit mehr als 30 Jahren international in Verkauf, Marketing und Führung tätig. Seine 15-jährige erfolgreiche Konzernlaufbahn führte den gelernten Betriebswirt als Vertriebs- und Marketingverantwortlichen in die Geschäftsführung weltweit tätiger Unternehmen wie Samsonite oder General Motors.

Seit 2001 ist er als Unternehmer tätig und hat in mehreren europäischen Ländern vier erfolgreiche Start-ups in verschiedensten Branchen durchgeführt. Dabei war und ist er nicht nur selbst unternehmerisch tätig, sondern hat im Rahmen von Franchiseorganisationen als Franchisegeber auch eine Reihe von Start-ups in eine erfolgreiche unternehmerische Tätigkeit begleitet.

Als Verkaufs- und Marketingexperte war er in bisher sieben Ländern und mehr als einem Dutzend Branchen tätig. Dabei hat er selbst jahrelange intensivste Verkaufserfahrung B2B wie B2C gesammelt und mit sehr kleinen Kunden sowie internationalen Key Accounts erfolgreich gearbeitet.

Als Berater war er in den vergangenen 15 Jahren für über 100 der Top-Unternehmen in Deutschland, der Schweiz und Österreich wie z.B. Claas, KIA Motors, Samsung, Weber

Stephen oder Amgen tätig. Sein Schwerpunkt liegt dabei auf der Erzielung von mehr Gewinn und höheren Deckungsbeiträgen im Vertrieb.

Als Autor verfasste er »Der Stretchfaktor« (Signum, 2007) und den Verkaufsbuch-Bestseller »Die letzten Geheimnisse im Verkauf« (Signum, 2. Aufl. 2010) sowie Beiträge in weiteren Publikationen. Seinen Blog lesen jeden Monat ca. 10.000 Menschen und er schreibt regelmäßig Beiträge für Fachmagazine.

Als Keynote Speaker und Redner gibt er Verkäufern, Führungskräften und Unternehmern Denkanstöße zum Thema »Hoher Wert statt kleiner Preis!«. Mit seinen Vorträgen »Nicht um jeden Preis« und »Andersstattartig« setzt er bei seinen Zuhörern Impulse in Richtung eines wertorientierten Verkaufs- und Marketingansatzes.

Roman Kmenta ist Preisträger des »Trojan Marketing Awards 2014«, wo ihm der erste Platz aufgrund seiner erfolgreichen Online-Kampagne »Mach es wie Amazon« zugesprochen wurde.

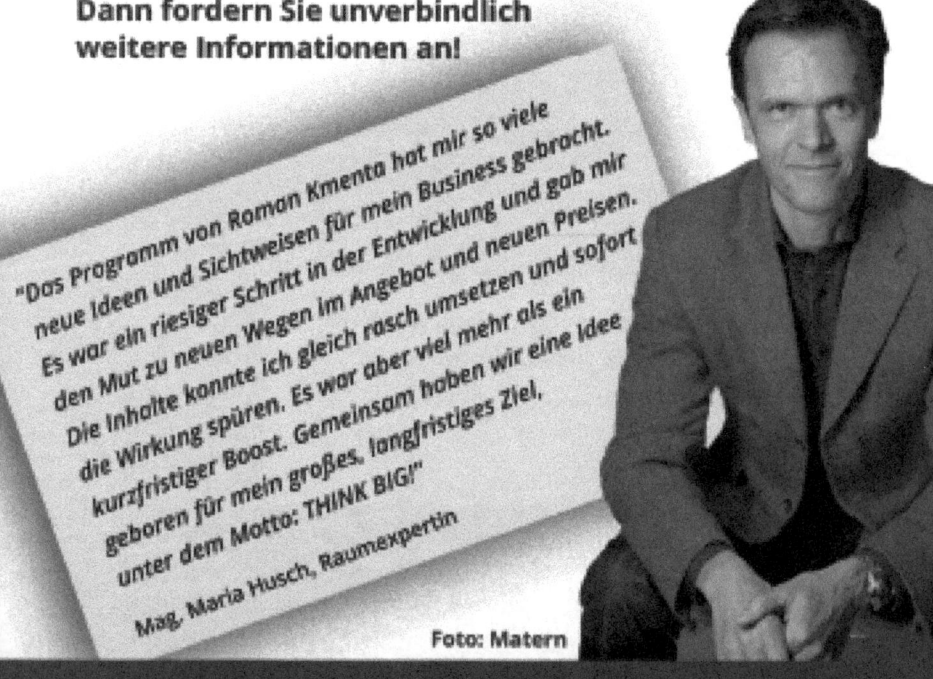